趣味园艺丛书

QINZI YUANYI

亲子园艺

毕晓颖 ◎ 主编

中国农业出版社

北　京

图书在版编目（CIP）数据

亲子园艺/毕晓颖主编.—北京：中国农业出版
社，2019.6
　（趣味园艺丛书）
　ISBN 978-7-109-25446-6

　Ⅰ.①亲…　Ⅱ.①毕…　Ⅲ.①观赏园艺　Ⅳ.①S68

中国版本图书馆CIP数据核字（2019）第073624号

中国农业出版社出版
（北京市朝阳区麦子店街18号楼）
（邮政编码 100125）
责任编辑　黄　宇　李　蕊
————————————
中农印务有限公司印刷　　新华书店北京发行所发行
2019年6月第1版　　2019年6月北京第1次印刷

开本：700毫米×1000毫米　1/16　　印张：9
字数：150千字
定价：56.00元
（凡本版图书出现印刷、装订错误，请向出版社发行部调换）

主　　编　毕晓颖

编写人员　毕晓颖　高经理

　　　　　毕大宏　赵　郡

卌 前 言 卌

我是一名大学园艺专业的教师，同时也是一位母亲，很久以来一直想写一本家长和孩子一起做园艺活动的书。原因很简单，对于孩子来说，园艺是一项完美的活动，健康而有趣。我的女儿从小和我一起接触各种园艺活动，和同龄的孩子相比，她对自然有更多的感悟、热爱和敬畏。我希望所有的孩子都能在童年尽早地接触园艺，享受它所带来的乐趣和特殊益处。各种年龄的人都喜欢园艺，因为园艺活动能很容易把全家人聚在一起，是一种理想的亲子教育方式。通过各种有趣的园艺活动增加彼此的交流和了解，有利于建立良好的亲子关系。良好的亲子关系有助于培养孩子诚实、自信、尊重、宽容、合作等优秀品质，也是孩子人际交往能力发展的基础。

然而，当今社会的孩子却很少能接触到园艺，他们被各种电子产品包围，更有很多年轻的家长，为了让孩子"不缠人、不闹人"，任由孩子沉浸在手机和电子游戏中，很多孩子失去了和大自然的联系，中了电子游戏毒瘾难以自拔，此时再想让孩子放下手中的游戏已为时过晚。记得某一天在打印社看见一个5、6岁模样的小男孩聚精会神地打电子游戏，而他的妈妈正忙于工作。见他目不转睛地盯着屏幕，我试着与他交谈，他不理睬我。当我告诉他妈妈孩子长时间打电游的害处时，他扭过头来狠狠地瞪着我，那个眼神让我触目惊心，久久难忘。这件事更坚定了我要写一本亲子园艺书的决心，让爸爸妈妈们更好地陪伴孩子成长，让孩子们尽情和泥土玩耍，看着自己栽培的植物长大、开花、结果，感受自然的神奇，孕育自己的奇思妙想，永远保持一颗好奇心。

那么，什么是园艺呢？

园艺一词包括"园"和"艺"二字，《辞源》中称"植蔬果花木之地，而有藩者"为园，《论语》中称"学问技术皆谓之艺"，因此将栽植蔬果花木的技术谓之园艺。农业术语专用词的"园艺"指有关蔬菜、果树、花卉、食用菌、观赏树木等的栽培和繁育的技术，英文是"horticulture"，其目的是生产优质作物，以期获得最大的经济效益；而本书所讲的园艺是大众语言中的"园艺"，是指在庭院，或是室内、阳台，甚至屋顶等空间范围内，从事植物栽培和装饰的活动，其目的是满足个人的审美和应用等生活需求，英文是"gardening"，即现在流行的"家庭园艺"。但本书的目的不是教你单纯的园艺知识和复杂的园艺作物种植技巧，而是要通过一个个有趣的园艺活动和手工，展示给家长如何将亲子教育融入日常的生活当中。你会发现，积极、健康、富有创造性的园艺活动具有诸多显而易见的益处。

首先，园艺活动能增进孩子的身心健康，培养优良的品格。户外活动让孩子远离电子设备，回归大自然，呼吸新鲜空气，活动身体；孩子亲手种植自己选择的植物，给植物浇水、施肥、除草，确保其健康成长所需，不仅能锻炼孩子的耐心、专注力和动手能力，还能培养孩子的责任心和使命感；通过带领孩子观察植物的形态和生长发育过程，可以培养孩子的观察能力和探索精神；那些利用生活中的废弃物制作的园艺手工品，既培养了孩子的想象力和创造力，又能从小培养环保意识；最重要的是，孩子在欣赏自己制作的手工品和享受自己种植的食物时获得了自信。

其次，园艺是各个年龄段的孩子学习各种科学，甚至艺术、语言的完美方法。国外研究表明，参与园艺项目的孩子比那些不参加的孩子在科学成就方面更高。在开展园艺活动时，有许多科学概念可以和孩子讨论。孩子天生具有好奇心，看到蔬菜花草健康成长，可能会激发孩子提出各种问题：为什么植物需要阳光？植物怎样喝水？为什么昆虫对植物有益？这些都会促使他们主动思考和学习，有助于培养孩子的自主学习能力。而自主学习能力恰恰是现在学生普遍缺乏的一种能力，极大地限制了孩子的未来发展。写出《第三次浪潮》的阿尔温·托夫勒说："未来的文盲，不再是目不识丁的人，而是没有学会怎样学习的人。"

此外，每一个园艺活动、每一个小手工作品都能激发孩子的想象力，培养孩子的创造性思维。当我们发现无人驾驶汽车行驶在路上，无人超市出现在街头，就连街边小吃摊也可以微信支付时，我们感叹人工智能时代真的即将来临了。《未来简史》的作者赫拉利预言，至2050年，全球超过50％的工作将被人工智能取代，全球数十亿人将失业，并失去社会价值，社会将产生最大的新阶级——无用阶级。这绝不是危言耸听，如果我们的教育还沉迷于把孩子培养成一个个知识储存器，那他们终将被具有更强大知识储备的机器人所替代。而人和机器最大的差别就是我们具有创造性思维。

因此，如果你正在寻找一种既能学习知识、享受乐趣，又能和孩子建立亲密关系的方式，亲子园艺无疑再合适不过了。你可能会担心自己没有大花园、不懂园艺知识，我想告诉你这些都不重要，重要的是你和孩子在一起。的确，在中国，并不是每个家庭都拥有一个大花园，但我们每个家庭都有阳台和窗台，还可以利用小区、公园、植物园等公共绿地。本书设计了很多富有创意的园艺活动和手工制作，它们都不需要太多的户外空间，在阳台和室内即可开展。每个项目都包含有详细的指导步骤和相关的图片，使你能轻松上手。通过实践本书中的活动，你将受到启发，找到一些方法，形成自己的亲子教育特色。

这本书虽说是为孩子们写的，但主要是给家长们看的。国外研究表明，富裕家庭的孩子的词汇量是贫穷家庭孩子的10倍，其主要原因是父母和孩子交谈多，运用的词汇多。然而，很多父母和孩子之间缺少话题，孩子大了以后，家长除了督促学习，很少和孩子交流，造成父子、母子关系紧张。为此，本书在每个项目的后面设了"边做边聊"的小栏目，列举了一些可以和孩子聊的话题，介绍一些相关知识或启发孩子深入探索。你会惊奇地发现，数学、阅读、历史、地理、生物、物理、化学、写作、美术等方面的知识都可以融入到园艺活动当中，原来知识也可以这样学！但聊天的目的不仅仅是教说话、教识字、教各种知识，更重要的是为了更多更好地了解孩子，把父母的爱传递给孩子，让孩子通过跟父母的交流加深对父母的信赖、增进感情。本书还设置了"延伸阅读"，向大家推荐一些优秀的书籍，借着一个个园艺活动和手工，能大大激起孩子阅读的兴趣，让孩子养成良好的阅读习惯。良好的阅读习惯会影响孩子的一生，如果一个孩子在12岁之前没有养成阅读习惯，今后就很难养成良好的阅读习惯。

因此，本书的目的绝不仅仅是让孩子参与一些园艺活动，教孩子一点知识，更重要的是打开大家的思路和视野，让父母学会借着这些小项目和孩子进行交流。如果父母用心和孩子相处，你会发现生活中处处有自然，处处有园艺，无时无刻不是和孩子相处的美妙时光。你自己也会发现很多好点子，发现生活中那么多可以随手就和孩子一起做的趣事。或许在所有和孩子一起进行园艺活动的理由中，没有一个比和孩子一起共度欢乐时光更加重要的！

目 录

前言

Part 1

认知篇

Part 2

种植篇

Part 3

手工篇

认知篇

　　我们每天的生活都离不开植物。想一想我们的衣食住行，植物真是无处不在！我们一日三餐吃的蔬菜、水果、谷物都是植物；就连那些肉类、蛋类，也是吃了植物饲料的牛、羊、猪、鸡等生产出来的；中国的传统中药大部分也都来源于植物；越来越多的人喜欢穿用棉花制成的纯棉衣服；我们每天睡觉的床大部分都是用树木加工的木材制作的，或许有人还正用着棕树的棕衣做成的棕垫；也许你会说汽车和植物总没什么关系吧，其实不然，汽车的轮胎就是由橡胶树的橡胶制成的。

　　然而，大部分家长却很少和孩子说起这些和生活息息相关的植物。孩子只知道苹果、大米，却对苹果树、水稻没有任何概念。在他们眼中，食物来自冰箱、来自超市，食物仅仅是食物而已。事实上，如果没有大人的带领，很多孩子可能一辈子都不会注意一些植物是什么样、怎么生长的。久而久之，这些孩子逐渐疏离了和自然的联系，他们在未来的生活中缺少情趣，更容易沉迷于电子产品，成为都市中与世隔绝的"宅男宅女"。

　　因此，家长应该从小就引导孩子建立和自然的联系，从每一棵树、每一株小草、每一片叶子、每一朵花、每一缕花香中体会生命的美好，培养敬畏生命、热爱自然的人生态度。只要家长用心发现，即使生活在城市，也不缺少植物的话题。超市、菜市场、水果店、花店、花卉市场、小区、街道、公园、花园、阳台、厨房、餐桌，处处都是和孩子谈论植物的好地方。你可以向孩子提问，激发孩子的想象力和好奇心；也可以和孩子一块观察，共同寻找答案。当你将这些知识娓娓道来时，孩子会惊叹大自然的精美与神奇。

认知篇

植物界的基本类群

在我们生存的地球上存在着各种各样的生命形式，根据分类学的记载，地球上的生物约有200万种。早在18世纪，现代生物分类学的奠基人，瑞典的博物学家林奈就把生物分成植物界和动物界两界。动物是能运动、异养的生物；而植物则固着不动，自养。随着显微镜的广泛使用，人们发现有些生物兼有植物和动物的特征，如裸藻（眼虫），它们既能靠鞭毛自由运动，又含有叶绿体能进行光合作用。随着科学的发展，学者们对整个生物界的划分有着不同的看法，因此，相继形成了三界、四界，甚至五界、六界的分类系统，但生物界究竟应该分成几个界至今仍是一个悬而未决的问题。按照两界系统，现在已知植物的总数达50余万种，它们的形态结构和生活习性多种多样，根据它们的共同点，植物又分为七个类群，这些植物类群在我们的生活当中无处不在，让我们和孩子一起发现和认识它们吧。

1.**藻类植物**　植物体结构简单，无根、茎、叶的分化，是一类比较原始的低等植物，含光合色素，能进行光合作用，制造养分供自身需要。多为水生，形态上差异很大，小的只有几微米，最大的体长可达100米以上。藻类植物种类很多，有些可以作为食品和保健品，如海带丝、紫菜包饭、海苔都是我们喜爱的食品，其实海带、紫菜都是藻类植物。地木耳（葛仙米）、发菜（产于我国西北地区）是可供食用的蓝藻；硅藻泥（吸附剂）是硅藻；紫菜是红藻植物，可食用的红藻还有石花菜、江蓠；海带是褐藻；绿藻（小球藻）和蓝藻（螺旋藻）营养价值很高，可以制成保健品。

2.**菌类植物**　植物体没有根、茎、叶分化，不具光合色素，并依靠其他有机物质而生活，寄生或腐生，为异养植物。菌类包括细菌、黏菌和真菌。细菌在自然界中起着十分重要的作用，地球上的动植物尸体和排泄物，通常只有经过腐生细菌的分解腐烂，将有机物转变为无机物，才能重回到自然界为植物吸收和利用，促进自然界的物质循环和能力流通。许多真菌是味道鲜美的食用菌，如香菇、平菇、杏鲍菇、金针菇、木耳、银耳、松茸、猴头（图1-1）等，还有些是著名药材，如灵芝、冬虫夏草、茯苓等；酵母菌、曲霉等真菌在酿造发酵工业上起着重要作用，如酿酒、制酱油、做馒头和面包等。当然，菌类也能引起食品腐烂、农作物病害等，常给人类造成灾害。

图1-1　猴头

3.地衣植物　植物体没有根、茎、叶的分化，是藻类与真菌组合成的共生体。共生的藻类含有叶绿素，能进行光合作用，为整个地衣制造养分，真菌则吸收水分和无机盐供给藻类，它们相互配合、相互依存，共同生长。如果细心观察，你会在一些岩石或树皮上发现地衣（图1-2）。生长于峭壁和岩石上的地衣，能分泌地衣酸，腐蚀岩石，为其他植物分布创造条件，因此地衣被称为"先锋植物"。地衣所含的特有成分地衣酸和地衣多糖，具有较强的抗菌活性和抗癌活性。石蕊、松萝可以药用；美味石耳做成的肉片汤和炒肉片是著名国宴食谱。

图1-2　地衣

4.苔藓植物　植物体具茎、叶分化，但无真正的根，是植物界中最原始、结构最简单的高等植物。除了碧蓝的大海外，世界各地都有苔藓植物分布。苔藓植物喜欢生长在阴湿的地面、岩面和墙壁上，就像一张绿绒毯（图1-3）。有着"超级海绵"之称的苔藓植物泥炭藓（图1-4），有极为巧妙和特殊的贮水细胞，可吸

图1-3　苔藓

图1-4　泥炭藓

蓄为其自身重量15～25倍的水分，同时还具有神奇的泥炭藓酚等抑菌物质，使其具有超强的持水能力和特殊的抗菌性。第一次世界大战时，因缺乏药棉，曾用泥炭藓代替棉花包扎伤口，和棉花相比，泥炭藓吸水、保水能力更强，还能抗菌，使伤口恢复得更快。

5.蕨类植物　植物体具根、茎、叶分化，但没有花，因其叶片常细裂如羊齿又称为"羊齿植物"（图1-5）。蕨类植物用途广泛，自古以来中国的劳动人民就喜欢食用其嫩叶和叶柄（图1-6），如蕨菜（图1-7）、紫萁等。最早关于蕨类植物的记载是《诗经》中的"陟彼南山，言采其蕨；未见君子，忧心惙惙。亦既见止，亦既觏止，我心则说"（《召南•草虫》）。很多蕨类植物是有名的药材，如贯众、石松、海金沙

图1-5　荚果蕨

等。许多蕨类植物的根状茎还富含淀粉，可做成食品——蕨根粉；还有一些种类具有很高的观赏价值，如肾蕨、鹿角蕨、铁线蕨、桫椤等。

图1-6　蕨类植物嫩叶

图1-7　蕨菜

6.裸子植物　植物体具根、茎、叶的分化，产生种子，但种子裸露，没有果皮包被。有些种类是著名的孑遗植物和良好的观赏植物，如苏铁、银杏（图1-8）、水杉等。苏铁，株形美丽，是著名的观赏植物，其茎髓淀粉的制成品称"西米"。银杏，又称为白果树、公孙树，是孑遗植物，我国特产；雌雄

异株；种子形状像杏子，厚而肉质的部分是其外种皮，种仁药食兼用，俗称"白果"（图1-9）。松树也是裸子植物，美味的松子是松树的种子。

7. 被子植物　植物体具根、茎、叶的分化，有真正的花，种子具果皮，形成果实。被子植物是当今世界上种类最多、数量最大、进化地位最高的一个类群。它的生态作用大，经济用途广泛，与人类的关系最为密切，几乎全部的农作物、蔬菜、果树、花卉、牧草等都是被子植物，如水稻、小麦、番茄、辣椒、苹果、桃等。被子植物在长期演化和对环境的适应过程中，形态方面形成了多种多样的特征，我们在生活中每天接触大量的被子植物，可以随时带领孩子进行观察，了解它们的形态、习性、用途等，让孩子知道面粉、大米等是从何而来，萝卜、土豆①、地瓜②等吃的是植物的哪一部分。

图1-8　银杏枝叶

图1-9　银杏果实

① 　土豆学名为马铃薯。
② 　地瓜学名甘薯。

被子植物的组成器官及其作用

在被子植物个体发育过程中，根、茎、叶、花、果实和种子分别为植物体内具有一定形态结构、担负一定生理功能的组成单位，这种组成单位称为器官（图1-10），其中根、茎和叶称为营养器官，花、果实和种子与植物产生后代有关，叫做生殖器官。

1. 根　根是由种子幼胚的胚根发育而成的器官，通常向地下伸长。根的主要功能是使植物固定在土壤中，并从土壤中吸取水分和养料。根的类型有：

主根：由最先突破种皮的胚根发育而成的根；

侧根：由主根上发生的各级大小支根；

不定根：由茎、叶和老根上发生的根。

图1-10　植物体组成器官

为了适应生存环境，植物形成了许多奇形怪状的变态根，其中一类是贮藏根，这类根肉质化，贮藏大量的营养物质，根据根的来源又分为肉质直根和块根2类。肉质直根是由主根发育而成，粗大单一，如萝卜、胡萝卜、甜菜、人参等；块根是由侧根和不定根发育而来，呈块状，如地瓜、大丽花等。还有一类变态根是气生根，常见有3类：支柱根，在接近地面的节上发生很多不定根，前端深入土壤，起支持和吸收作用，常见于玉米、高粱等禾本科植物，榕树也有支柱根，从枝上生出许多不定根，下垂生长，到达地面后伸入土壤形成许多直立的支柱根，再产生侧根，形成"独木成林"的奇观（图1-11）；攀缘根，有些植物的茎细长柔软不能直立，在茎上产生大量很短的不定根，常可分泌黏液固着于他物上攀缘上升，如常春藤、炮仗花（图1-12）等；呼吸根，存在于一部分生长在沼泽或热带海滩地带的植物，其部分根系向上生长，进入空气中进行呼吸，供给地下根进行呼吸，如红树。第三类是寄生根，一些植物营寄生生活，茎上生长不定根可以深入寄主体内，吸取寄主的营养和水分供自身生长发育需要，如菟丝子。

图1-12　炮仗花

图1-11　榕树支柱根

2. 茎　茎是种子幼胚的胚芽向地上伸长的部分，是连接叶和根的轴状结构。茎的主要功能是运输，把根系吸收的水分和无机盐以及根合成或贮藏的营养物质输送到地上各部分，同时又将叶制造的光合产物运输到根、花、果实、种子各部分去利用或贮藏。茎的另一个重要作用是支持，使叶、花、果实能在空间保持适当的位置。此外茎还有贮藏和繁殖的作用。

茎上有节，节上着生叶，有些植物的节很明显，如竹子（图1-13）、玉米、石竹等；在叶腋和茎的顶端有芽。芽是处于幼态未伸长的枝、

图1-13　竹子

花或花序。芽萌发后，会长成枝条、花或花序。

从茎的质地上看，植物可分为草本植物和木本植物。草本植物的茎内木质部不发达，茎秆支持力弱。木本植物茎内木质部发达，茎干支持力强。

不同植物的茎生长习性不同，大致分为4类：直立茎，茎的生长方向与根相反，垂直向上，如柳树、玉米、茄子等；攀缘茎，茎细长柔软而不能直立，必须利用一些变态器官如卷须、吸盘等攀缘于其他物体上才能向上生长，如豌豆、葡萄、苦瓜等；缠绕茎，茎也是细长柔软，可以用茎本身缠绕于其他支柱物上向上生长，如牵牛花、菜豆、紫藤、金银花等；匍匐茎，茎平卧于地面生长，节上生有不定根，如草莓（图1-14）、吊兰等。

图1-14　草莓匍匐茎

茎的功能各不相同，在长期演化发展中形成许多变态茎，地上茎的变态类型有叶状茎，如假叶树、竹节蓼等；茎卷须，如黄瓜、葫芦、葡萄等；茎刺，如梨、山楂、沙枣、皂荚等；肉质茎，如仙人掌等。地下茎的变态类型有根状茎，如荷花、芦苇、美人蕉等；块茎，如马铃薯、菊芋、甘露子等；球茎，如唐菖蒲、荸荠、小苍兰、慈姑等；鳞茎，如百合（图1-15）、洋葱、郁金香等。

图1-15　百合鳞茎

3. 叶　叶是由芽的叶原基发育而成，有规律地着生在枝（茎）的节上，是植物进行光合作用制造有机营养物质和蒸腾水分的器官。

一枚完全叶是由叶片、叶柄和一对托叶组成的。叶通常着生在茎（枝）上，称为茎生叶，如黄瓜、番茄等；叶着生在极短缩的茎上，似乎是从根上生出的，称为基生叶，如生菜、香菜等。在一个叶柄上只生1个叶片的称为单叶，在一个总叶柄上生有2个以上小叶的称为复叶。复叶根据总叶柄的分枝、小叶的数目和着生的位置，可分为羽状复叶、掌状复叶、三出复叶。

叶在茎或枝上排列的方式称为叶序，可分为：互生，每个节上只着生一片叶，如柳树、玫瑰等；对生，每个节上相对着生2片叶，如一串红、忍冬、石竹等；轮生，每节上着生3片或3片以上的叶，呈轮状，如夹竹桃、桔梗等；簇生，2片或2片以上的叶，着生在极度短缩的侧生枝的顶端，呈丛簇状，如小檗、银杏等。

叶片由叶肉和叶脉组成，叶脉是叶的疏导组织。叶脉的分枝方式有网状脉，根据主脉数目和排列方式，又可分为：羽状脉和掌状脉；平行脉，有直出平行脉（玉米）、侧出平行脉（芭蕉）和射出脉（棕榈）。

叶片的形状多种多样，有条形（水稻）、剑形（鸢尾）、扇形（银杏）、圆形（旱金莲）、心形（牵牛花）、菱形（菱）、管状（葱）、披针形（柳树）、倒披针形（小檗）、鳞片状（梭梭）、矩圆形（橡皮树）、椭圆形（橙）、卵形（梨）和肾形（虎耳草）。

叶的变态的类型有鳞叶，有些植物的叶特化或退化成鳞片状，如百合、洋葱的鳞茎；叶卷须，有些植物的一部分叶转变成卷须，如豌豆羽状复叶先端二、三对小叶变为卷须，利于攀缘生长；叶刺，有些植物叶的一部分或全部变成刺，如仙人掌、枣等。

4. 花　花是被子植物的繁殖器官，花梗是一朵花着生的小枝，花托是花梗顶端膨大的部分，也是花的各部分着生处。一朵完全花是由花萼、花冠、雄蕊、雌蕊4部分组成。花萼由萼片组成；花冠由花瓣组成；花萼和花冠合称花被。雄蕊是由花丝和花药组成；雌蕊是由柱头、花柱和子房组成。花冠类型有"十"字形（油菜）、蔷薇形（苹果）、蝶形（豌豆）、唇形（一串红）、辐射状（番茄）、坛状（景天）、高脚碟状（丁香）、钟状（风铃草）、漏斗状（牵牛花）、管状（菊花）、舌状（菊花）等。许多植物花的花萼或花瓣向基部伸长而成管状或囊状，称为"距"，如翠雀花、耧斗菜（图1-16）、凤仙花等（图1-17）。

图1-16　耧斗菜

图1-17　凤仙花

5. **果实** 植物开花受精后，子房逐渐膨大发育成果实，胚珠发育成种子。根据果实形态分为三大类。

（1）聚合果。每个单雌蕊形成一个单果集生在膨大的花托上，根据单果的种类又可分为聚合瘦果（草莓），聚合蓇葖果（绣线菊），聚合核果（树莓）。

（2）单果。由一朵花中的1个子房或1个心皮所形成的单个果实。单果根据果熟时果皮的性质不同，可分为干果和肉果两大类，干果分为果皮开裂和不开裂两类，开裂的干果常见的有：蓇葖果（芍药）、荚果（大豆）、长角果（白菜）、短角果（荠菜）、蒴果（鸢尾），不开裂的干果，果熟后，果皮干燥而不裂，常见的有：瘦果（向日葵）、颖果（小麦）、胞果（藜）、翅果（槭树）、坚果（榛子）、小坚果（紫草）、双悬果（芹菜）等。肉果，果实成熟时，果皮或其他组成果实的部分肉质多汁，常见的有核果（李、杏）、浆果（葡萄、番茄）、柑果（柑橘）、瓠果（黄瓜、西瓜）、梨果（苹果、梨）。

（3）聚花果。聚花果又称为复果、花序果，是由整个花序发育而成的果实。花序中的每朵花形成独立的小果，聚集在花序轴上，外形似果实，如桑葚、菠萝、无花果。

6. **种子** 种子是胚珠在卵细胞受精后发育而成的。种子由种皮、胚和胚乳3部分组成。种皮，是由珠被发育而成；胚，是由受精卵发育而成，包括胚芽、子叶、胚轴和胚根；胚乳，是由受精极核发育而成，是种子贮藏营养物质的部分，有些植物无胚乳，如大豆。种子的大小相差悬殊，世界上最大的种子是双椰子的种子（图1-18），长度50厘米，最小的种子是斑叶兰的种子，1克种子约有200万粒。种子的寿命长短差别也很大，荷花的种子，也就是莲子，寿命可达千年以上，而有些植物则仅存活几周，如橡胶树的种子。很多种子有休眠现象，即使在温度、氧气、水分适宜的情况下，仍不能萌发。植物的果实和种子大小和结构不同，形成多种多样的散布

图1-18 椰子种子

方式，主要依靠人类、动物、风力、水力及果实本身所产生的机械力量，如凤仙花的果实成熟后，果皮弹开，种子会蹦出去，非常有趣。

植物的分类

植物的种类丰富多样，需要一定的规则对其进行分门别类。植物的分类方法可分为自然分类法和人为分类法。

自然分类法是根据植物间在形态、结构、生理上的相似程度，判断其亲缘关系的远近，以此作为分类的标准。植物分类的各级单位按照高低和从属关系顺序排列起来有：纲、目、科、属、种。种是植物分类的基本单位，由相近的种集合成属，相近的属集合成科，以此类推。每种植物都有其名称，但同一种植物由于语言和地区不同，会有不同的名字。如马铃薯，我国北方称为土豆，南方称洋芋，英文称potato，不同的国家还会有其他名字，因而会出现同物异名现象。当然有些植物还会出现同名异物现象，例如钩吻和狼毒都被称为断肠草，其实它们是完全不同的两种花。因此，为了解决各种不必要的混乱，需要有一个统一、规范的植物命名系统，解决同物异名和同名异物问题。国际上早就有这样的一套植物命名系统了，称之为"科学名称系统"，即学名。学名使用拉丁文命名，因此也称为拉丁名，由3部分组成：属名+种加词+命名人，如马铃薯的学名是 *Solanum tuberosum* L.，在世界任何地方说 *Solanum tuberosum* L.都知道是指同一植物。

人为分类主要是人们按照自己的目的或应用方便，选择植物的一个或几个特征来进行分类。常用的分类方法如下。

1.以植物茎的性质和形态来分类

（1）乔木。有明显的主干，植株高大。与低矮的灌木相对应，通常见到的高大树木都是乔木，如杨树、松树、柳树、白桦等。乔木按冬季或旱季落叶与否又分为落叶乔木和常绿乔木。

（2）灌木。主干不明显，常在基部发出多个枝干的木本植物称为灌木，如玫瑰、迎春花、木槿、牡丹等。

（3）亚灌木。矮小的灌木，多年生，茎的上部草质，在开花后枯萎，而基部的茎是木质的，如倒挂金钟、长春花等。

（4）草本植物。茎内木质部不发达，茎较柔软、脆嫩，全株或地上部分容易萎蔫或枯死，如一串红、百合、芍药等。又分为一年生、二年生和多年生草本。

（5）藤本植物。茎长而不能直立，靠倚附其他物体而向上攀升的植物称为藤本植物。藤本植物按照茎的性质又分为木质藤本（如紫藤、金银花、凌霄等）和草质藤本（如茑萝、葫芦、丝瓜等），常见的紫藤为木质藤本。藤本植物按照有无特别的攀缘器官又分为攀缘性藤本（如瓜类、豌豆、葡萄、爬山虎等具有卷须或不定气根，能卷缠他物生长）和缠绕性藤本（如牵牛花、忍冬等，其茎能缠绕他物生长）。

2. 以植物的生态习性来分类

（1）陆生植物。生于陆地上的植物。

（2）水生植物。指植物体全部或部分沉于水的植物，如荷花、睡莲等。

（3）附生植物。植物体附生于他物上，但能自营生活，不需吸取支持者的养料为生的植物，如大部分热带兰。

（4）寄生植物。寄生于其他植物上，并以吸根侵入寄主的组织内吸取养料为自己生活营养的一部分或全部的植物，如槲寄生、菟丝子（图1-19）等。

（5）腐生植物。从已死的、腐烂的生物中获得营养、没有叶绿体的植物，如菌类植物、水晶兰等。

3. 以植物的生活周期来分类　任何一种生物的个体，总是要有序地经历发生、发展和死亡等时期，人们把生物体从发生到死亡所经历的过程称为生命周期。种子植物的生命周期，要经过胚胎形成、种子萌发、幼苗生长、营养体形成、生殖体形成、开花结实、衰老和死亡等阶段。植物的寿命差别很大，有短命的，也有长寿的。一些种类的植物的生命只有几周，转瞬即逝；还有一些种类的植物可以存活几千年。

（1）一年生植物。植物的生命周期短，由数周至数月，在一年内完成其生长过程，然后全株死亡，如黄瓜、芸豆等。

图1-19　缠绕在玫瑰上的菟丝子

（2）二年生植物。植物于第一年种子萌发、生长，至第二年开花结实后枯死的植物，如羽衣甘蓝、金盏菊等。

（3）多年生植物。生活周期年复一年，多年生长，如常见的乔木、灌木都是多年生植物。另外，还有些多年生草本植物，能生活多年，或地上部分在冬天枯萎，第二年继续生长和开花结实，如菊花、鸢尾、萱草等。多年生植物按冬季是否落叶分为：常绿植物和落叶植物。

种植篇

　　儿童与生俱来就对植物、对泥土有一种亲近感。园艺种植活动不仅顺应了孩子的天性，而且有益于孩子的身体，更重要的是对他们的智力和心灵能产生深远的影响。对儿童而言，种植植物是一件美妙而神奇的事情，因此，应该成为每个孩子成长过程中的一部分。为确保成功开展园艺种植活动，让孩子能充分体验到种植的乐趣并有所收获，以下是给家长的几点小建议：

　　放手让孩子做，让孩子亲历全部过程。播种、栽植、拔草等都会让孩子的小手沾满泥土，但别担心，因为泥土里充满了有益的微生物，经常接触能增强儿童的免疫系统并使其情绪得到改善，焦虑感也会降低。园艺种植既不需要大花园、也不需要高超的技术水平，只要带着好奇心去种就可以了。种植过程不必追求完美，最重要的是让孩子亲自动手参与全过程，让他们自豪地宣称这是他们自己种的！

　　耐心等待、多加鼓励。植物的生长通常是一个缓慢的过程，孩子们必须学会耐心等待他们种的花和蔬菜一点点长大。然而，孩子们习惯于立即得到满足，容易等不及而放弃。这个过程中，家长要给孩子从语言到行动上的鼓励。当孩子向你展示他们种植的植物时，你要认真欣赏并表现出真正的激动和发自内心的赞美。如果孩子收获了蔬菜，就在当天把它做成菜肴，让孩子感到他的工作是多么有价值！让孩子发现，等待实际上比发芽、开花、结果和收获的时刻更令人兴奋，等待是值得的，从而让孩子学会等待、学会延迟满足。

　　无论你生活在哪里，都不要以没有条件为借口，不为孩子提供园艺活动的机会。记得一个上海的妈妈讲过一个故事，因为家里空间小，孩子们只能种一盆草莓；而且草莓每次只有一个果子成熟，于是每次果子成熟时家人会轮流品尝，但这丝毫没有减少种植的乐趣和收获的喜悦，而且在孩子的记忆中留下了草莓童年的味道。现在就开启园艺种植之旅吧，为孩子的童年留下一个个美好的回忆！

种植篇

甘露子盆栽

　　甘露子（*Stachys sieboldii*）是原产我国的一种唇形科植物，也称为宝塔菜、地环儿、地蚕、土蛹、螺丝菜、旱螺蛳、罗汉菜、螺蛳菜等。它的地下块茎味道鲜美、爽口，是颇受人们喜爱的蔬菜，可生食、炒食，最适宜作酱菜和泡菜。秋冬季市场上有很多甘露子出售，家长和孩子不妨挑选一些，首先观察一下其食用部位，再尝试不同的食用方法，还可以一起制作美丽别致的甘露子盆栽。家长通过简单的食材就能与孩子进行丰富的交流，在潜移默化中培养孩子的观察能力和动手能力，了解我国传统饮食文化，同时让日常生活平添很多乐趣。

材料：

甘露子块茎（可以在菜市场买到）
培养土
麦饭石或火山石
容器
喷壶

图2-1-1　甘露子盆栽

步骤：

1. 清洗　将买回来的甘露子清洗干净。
2. 栽植　在容器中填充培养土，然后将甘露子块茎浅浅地竖直插入其中（图2-1-2），注意插入的方向，每个节处有一个三角形的芽眼（图2-1-3），将三角形的尖朝上，基部插入培养土1~2厘米。喷水，使培养土湿润。再用火山石或麦饭石铺满容器表面，使块茎固定住（图2-1-4），再喷水，使表面完全湿润。
3. 管理　保持培养土湿润，10天后甘露子块茎上三角形的芽眼处就会逐渐长出小芽。此后，注意浇水保持湿润即可。

图2-1-2　栽植

图2-1-3　三角形的芽眼

图2-1-4　火山石或麦饭石铺面

边做边聊：

1.甘露子的栽培历史有哪些?

甘露子原产我国,目前在华北和西北仍有野生种分布。我国食用甘露子的历史亦颇悠久。南宋陈景沂的植物学类书《全芳备祖》的"果部"已收录"甘露子"。宋代著名田园诗人杨万里在《甘露子》诗中赞道:"甘露子,甘露子,唤作地蚕亦良似。不食柘桑不食丝,何须走入地底藏。不能作茧不上簇,如何也蒙赐汤沐。呼我果,谓之果。呼我蔌,谓之蔌。唐林晃错莫逢他,高阳酒徒咀尔不摇牙。"不难看出,至迟在宋代,甘露子已经是江浙一带人们熟知的蔬菜。明初朱橚的《救荒本草》记载的"甘露儿",不但有比较详细的形态记述,而且还附有一幅比较准确的图。李时珍的《本草纲目·菜部》不仅收录了这种蔬菜,而且还综合前人有关资料对它进行了细致的形态和食用方法说明。到清代这种蔬菜在我国的分布已经遍及我国的南北广大地区,17世纪末传入日本,19世纪下半叶传到西方。

2.甘露子食用的部分是植物体的什么器官?

甘露子食用部分是植物的地下茎,因变态膨大成块状而称为块茎。茎的功能各不相同,在长期演化发展中形成许多变态茎[参考认知篇被子植物的植物体组成器官及其作用(茎)]。

延伸阅读：

《杨万里选集》,周汝昌

牛奶盒番茄育苗

　　番茄是小朋友喜爱的食物，你可曾想过和孩子一起亲手种植番茄呢？其实种植番茄很容易，既可以在花园里种植，也可以在阳台上进行盆栽。种植番茄的第一步就是播种育苗，早春在室内育苗，不仅可以提早播种，提早定植，提早收获，而且不受商品种苗的限制，可以自由选择自己喜欢的品种。最重要的是，从一粒种子开始，亲手栽植，观察萌芽、生长、开花、授粉、坐果，直至收获果实，你将和孩子一起享受无穷的乐趣。利用生活中各种废品作育苗容器，如牛奶盒、酸奶杯、鸡蛋盒、卫生纸筒等，还能培养孩子的环保意识和创新能力。

材料：

　　牛奶盒、酸奶杯、鸡蛋盒、卫生纸筒等均可（图2-2-1）
　　蔬菜育苗基质
　　番茄种子（图2-2-2）
　　喷壶
　　植物标签

图2-2-1　生活中各种废品作育苗容器

步骤：

　　1. 准备育苗容器　生活中各种废品，如牛奶盒、酸奶杯、鸡蛋盒、卫生纸筒等，都可以作育苗容器。平时可以带领孩子有意识地积攒保留这些材料，但要注意喝完的牛奶盒和酸奶杯及时清洗干净。根据育苗株数准备相应数量的容器。将牛奶盒的顶部剪

图2-2-2　番茄种子

掉，在底部扎3个小孔，酸奶杯的底部也需要扎3个小孔，以利于排水。鸡蛋盒为纸质，可以渗水，因此不需要扎排水孔，但注意后期的浇水量，不要给太多水，以免泡烂容器。卫生纸筒无底，需要垫一个不漏水的盒子。

2．填充育苗基质　在容器中填满育苗基质。育苗基质必须疏松透气，花市或网上都可以买到蔬菜育苗基质，也可以用质地疏松的园田土。

3．播种　将种子播种在基质中，深度为0.8～1.0厘米，不要埋得过深或过浅。然后用喷壶浇透水，注意不要把种子冲出来（图2-2-3）。还可以预先浸种加速种子的萌发，方法是将55～60℃温水倒入盛有种子的容器中，边倒边搅拌，待水温降至30℃左右时静置浸泡6～8小时，种子经处理后用清水洗净黏液，沥干水分，用湿毛巾或湿布包好，置于25℃条件下保湿催芽，催芽期间每天早晚用温水淋洗种子1次，待80%种子露白时即可播种。

4．覆膜　播种后，用塑料薄膜（或保鲜膜）盖在容器上，鸡蛋盒可以直接盖上盖子，保持土壤湿度。然后将育苗容器放在温暖的地方，温度保持在25℃左右，每天察看种子是否萌发。

5．种子萌发后管理　当种子刚从土壤中萌发出来时，及时打开塑料膜或盖子。让幼苗接受充足的光照，保持土壤湿润。细致观察幼苗生长过程，你会发现它刚开始长出来的是2片子叶（图2-2-4），接着长出来的才是真叶（图2-2-5）。当幼苗有6～8片真叶时，第一穗花就现蕾了（图2-2-6），此时应移植到大的容器中。如果晚霜已经结束，也可以直接移栽到园地里。接下来，精心养护你的植株，等待收获番茄吧！

图2-2-3　播种

图2-2-4　刚长出来的2片子叶

图2-2-6　现蕾开花

图2-2-5　真叶

🖐 **边做边聊：**

1. 秦始皇能吃到西红柿①炒蛋吗？

现在我们餐桌上的蔬菜种类非常丰富，很多连古代的皇帝也没吃过。你可能不相信，统一六国、呼风唤雨、风光无限的秦始皇却连一盘番茄炒蛋也吃不到。原来，番茄原产于南美洲的秘鲁、厄瓜多尔、玻利维亚等地，明清时期才通过海运从东南沿海传入我国，因此又名西红柿、洋柿子、番柿等。番茄初期主要作为观赏植物，清末民国才进入菜园作为蔬菜，而大规模种植是在中华人民共和国成立后。其实，市场上很多蔬菜水果都是地地道道的"舶来品"，如土豆、辣椒、大蒜、黄瓜、菠菜、胡萝卜、南瓜、紫甘蓝、西兰花、西瓜、椰子、香蕉、菠萝、榴莲、葡萄、石榴、草莓等。我们可以通过它们的名字大体分辨出它们引入我国的大致时间，如"胡"字开头的胡瓜（黄瓜）、胡桃（核桃）、胡豆（蚕豆）、胡椒、胡萝卜等大多为两汉两晋时期由西北陆路引入；"番"字开头的番茄、番薯、番椒（辣椒）、番石榴、番木瓜等多为南宋至元明时期由"番舶"带入；"洋"字开头的洋葱、洋白菜（甘蓝）等大多由清代乃至近代引入。

---

① 西红柿学名为番茄。

2. 一个关于tomato（西红柿）的名字来历的小故事，你知道吗？

从前有个叫汤姆（Tom）的小男孩，吃了一个西红柿（当时还没有tomato这个词）。当时人们认为西红柿是有毒的，吃了就会死，因此当其他的小朋友们看到汤姆吃了西红柿后，就惊恐地跑去通知他的父母："汤姆吃西红柿！汤姆吃西红柿！汤姆吃西红柿！"当然，他们是用英语说的："Tom ate those，Tom ate those，Tom ate those！"据说这句话的发音和tomatos非常相似，因此成了tomato一词的起源。其实，'tomato'一词真正的起源是阿兹克特人和墨西哥、中美洲等地居民使用的那瓦特语'tomatl'，早期现代英语称作'tomata'，后来被英语中诞生的变异体'tomato'取代。

3. 种子萌发需要的环境条件有哪些？

种子的萌发除了本身要有发芽力和已经解除休眠以外，还需要一定的环境条件。这些环境条件主要是充足的水分、适宜的温度和足够的氧气。种子必须吸收足够的水分才能启动一系列酶的活动，开始萌发。不同植物种子萌发都有一定的最适温度。高于或低于最适温度，萌发都受影响，如番茄的种子最适温度为25℃。种子吸水后呼吸作用增强，需氧量加大，一般作物种子要求其周围空气中含氧量在10%以上才能正常萌发。因此，如果土壤水分过多或土面板结使土壤空隙减少，通气不良，均会降低土壤空气的氧含量，影响种子萌发。一般种子萌发和光线关系不大，无论在黑暗或光照条件下都能正常进行。但有少数植物的种子，需要在有光的条件下，才能萌发良好，如烟草和莴苣的种子在无光条件下不能萌发，这类种子称为好光性种子。还有一些植物的种子萌发则为光所抑制，这类种子称为嫌光性种子，如洋葱、番茄等。

 延伸阅读：

《番茄探秘》，郭善珠

《黄色小番茄》，戴米恩·伊莲·由美

迷你阳台菜园

　　科学研究表明，对现代人健康和生命造成威胁的除了遗传、环境等因素外，更重要的是我们的生活方式，尤其是饮食习惯和膳食结构。现在生活水平提高了，但各种疾病、肥胖和过敏体质等却大大增加，其问题就在于饮食习惯不好、膳食结构不合理。而一个人的饮食习惯很大程度上是从小养成的，因此对儿童的食育尤为重要。家长可以利用迷你阳台菜园（图2-3-1）对孩子进行食育，通过种植、观察、制作、品尝等体验，把愉快的体味经验与健康的食物融为一体，引导儿童对各种蔬菜产生愉快美好的记忆，培养儿童多吃蔬菜的良好习惯，从而形成终生的习惯。

　　和孩子一起种植阳台菜园，最重要的是一定要让孩子保持种植的热情。因此，从设计种植箱开始，就和孩子一块讨论尺寸、材料、摆放位置等细节，让孩子感觉到那是属于他自己的小园地。家长不要为他们包办一切，尽量让孩子自己做选择想要种的蔬菜种类，亲身参与混合基质、播种、浇水等技术环节，直至收获，让孩子亲历全过程。

图2-3-1　迷你阳台菜园

材料：

木板或泡沫箱、塑料箱

培养土

种子或种苗

木板条

水桶

步骤：

1. **制作种植箱**　首先挑选一个适合放置种植箱的位置，要求每天至少要有6～8小时的日照。用木板制作种植箱，深度为15厘米，长宽各为1～1.2米。如果为了更小的孩子参与，种植箱可以再小一些。种植箱尺寸设定的原则是，进行各种操作时无需踩入种植箱中，伸手就能够到种植箱的每个位置。也可直接用泡沫箱或塑料筐垫上塑料（底下打一些排水孔）（图2-3-2）。

图2-3-2　塑料筐种植洋葱

2. **培养土配制**　草炭、有机肥和粗蛭石等量混合，使土壤疏松、富含养分，无需除草，管理方便，并能保持充足的水分。

3. **分区**　根据种植箱大小，在种植箱上放上网格，每格约30厘米，1.2米的种植箱划成4行4列，总共16小格；1米的种植箱划成9个小格。网格使种植箱更整洁，也能更好地安排植物。将木板条或绳子固定在木框上，注意木板条或绳子只是把种植箱表面分隔成一个一个格子，并没有把种植箱内的土隔开。

4. **定植**　在每一个格子里种一种蔬菜或花卉，根据植物大小和生长习性，每格可以种1、4、9或16棵。每种蔬菜具体种几棵如下：

一格种1棵的蔬菜种类：甘蓝、西红柿、茄子、辣椒、花椰菜、菜花、黄瓜、四季豆、豌豆、丝瓜、苦瓜、秋葵、土豆等。黄瓜、苦瓜等蔓生蔬菜种在最北侧一排的格子里，避免挡光和方便统一搭架。每棵菜占地面积30厘米×30厘米。

一格种4棵的蔬菜种类：各种生菜、叶用甜菜、花生、芹菜、空心菜、青梗菜、大萝卜等。每棵菜占地面积15厘米×15厘米。

一格种9棵的蔬菜种类：菠菜、苋菜、油菜、大葱、洋葱等。每棵菜占地面积10厘米×10厘米。

一格种16棵的蔬菜种类：胡萝卜、香芹、水萝卜、香菜、香葱、菜薹、茼蒿、油麦菜等。每棵菜占地面积10厘米×10厘米。

5.管理　由于采用的人工基质，营养丰富，而且无需除草，只需浇水即可。在种植箱旁放一个水桶存贮水，既可以保证植物随时喝到水，又能保证水温适宜。浇水量以有少量水从箱底渗出为宜。

6.收获　有些蔬菜是一次性采收，如萝卜、甘蓝、土豆等；大部分蔬菜可以持续采收，如黄瓜、西红柿、茄子等，收获时注意不要损伤植株。芹菜和各种生菜等也可以持续采收，每次只掰下部的叶子，剩余的部分还会继续生长。香菜、叶用甜菜等只割叶子，割后还会继续生长。对孩子们来说，收获绝对是一年中最快乐的时刻了，捧着自己亲手种出来的蔬果，带着新奇和激动的心情品尝这些食物，估计再也不会挑食了（图2-3-3）！

图2-3-3　收获樱桃番茄

边做边聊：

蔬菜的种类有哪些（和孩子一起认识蔬菜）？

蔬菜按照其可食用部位分为7类。

（1）茎叶类。可食用部分是其茎部和叶子，如小白菜、油菜、菠菜、生菜、芹菜、茼蒿、香菜、苋菜等。此类蔬菜是无机盐和维生素的重要来源，含有较多的胡萝卜素、维生素C，并含有一定量的维生素B_2。

（2）根菜类。可食用部分是肉质根或块根，又可作为粮食，如萝卜、胡萝卜、土豆、山药、芋头等。此类蔬菜均含有较多淀粉，可为身体提供热量。其所含的蛋白质、无机盐和维生素一般很少，但胡萝卜、甘薯除外。

（3）茄果瓜类。可食用部位是其果肉，如西红柿、茄子、黄瓜、辣椒、南瓜、冬瓜和丝瓜等。此类蔬菜是人体获取无机盐与维生素的重要来源，且含有较多的碳水化合物和蛋白质以及粗纤维，具有很高的保健价值。

（4）豆类。可食用部分是其嫩荚或籽粒，如扁豆、豇豆、毛豆、豌豆等。此类蔬菜大多富含蛋白质，且维生素B_1、维生素B_2和烟酸的含量也高于其他蔬菜，经常食用对人体极为有益。

（5）食用菌类。香菇、杏鲍菇、金针菇、平菇这类蔬菜含有独特的营养物质，是一种低脂肪、高蛋白、富含维生素和矿物质，

（6）花菜类。花椰菜、西兰花、黄花菜、菜薹。

（7）芽菜类。绿豆芽、黄豆芽、萝卜苗、豌豆苗。

大多数家长都是把烹饪好的蔬菜直接给孩子吃。其实，可以有意识地让孩子参与买菜、择菜，甚至洗菜、切菜的过程。现在菜市场的蔬菜种类非常丰富，和孩子一起逛逛菜市场，可以边挑选边向孩子介绍蔬菜的名字和食用部位，属于哪一类蔬菜。不仅能了解新鲜的蔬菜是什么样子，还能建立和食物的联系，提高孩子对蔬菜类食品的兴趣，改变一些孩子不喜欢吃蔬菜的习惯。买菜时除了买家人喜欢吃的蔬菜以外，每次再挑选些孩子感兴趣的蔬菜，鼓励孩子尝试新鲜事物。菜买回来后，边收拾菜，边和孩子一块仔细观察，讨论各种蔬菜的特点，顺便了解植物体的结构，可以大大丰富孩子的词汇量。此外，还可以鼓励孩子画一幅蔬菜的画，如果家长在画上写上蔬菜的名字，就又变成了一个识字卡片，日积月累，孩子的观察能力、表达能力、归纳能力都会不断提高，家长与孩子之间的交流和沟通会使亲子关系越来越融洽。

延伸阅读：

《常见蔬菜图鉴：129种蔬菜的识别与了解》，付彦荣

神奇的多肉植物叶插

多肉植物是一类茎或叶特别粗大、肥厚，含水量非常高的植物，能在干旱环境中长期生存，表现出顽强的生命力。它们有的小巧玲珑，有的憨态可掬，有的奇形怪状，有的色彩斑斓，每个人看到都会忍不住把它们带回家。多肉植物养殖时间长了，会长出新的枝和叶，利用这些枝或叶进行扦插，不断繁殖新的植株，送给亲朋好友是个不错的选择。扦插时可以截取一段枝，也可以用叶片进行扦插（图2-4-1）。从一片叶子上能长出一个小植株，听起来是不是有点儿不可思议呢？那就让我们实践一下吧！

图2-4-1　多肉植物叶插

 材料：

1. 景天科多肉植物　如黑兔耳、熊童子、酥皮鸭、虹之玉、静夜等。景天科多肉植物叶插比较容易，其他多肉植物也可以尝试，但有些叶插比较困难，可以用枝插繁殖。

2. 扦插基质　蛭石、草炭＋珍珠岩（3：1）或草炭＋河沙（3：1）均可。

3. 育苗容器　可以用专用的育苗盒，也可以用带透明盖的快餐盒或超市里买的装草莓或蓝莓的盒子，一般的容器覆盖保鲜膜也行。

4. 喷水壶

步骤：

1. 叶片的获取　选择健康饱满、表面没有硬伤的叶片，从植株上掰下来，不要将叶掰断，而是从叶片基部自然剥落（图2-4-2）。在阴凉处晾置3天以上，时间宁长勿短，待伤口充分愈合、切口基部发红为较合适的扦插时机。

2. 扦插 　在育苗盒中加入基质，厚度2厘米左右。喷水，保持基质湿润，不可过度浇水。然后将叶片平放在基质表面，叶正面朝上，不要埋入基质（图2-4-3）。再盖上盒盖或覆上保鲜膜即可。其实，只要空气湿度足够，即便没有基质或不覆盖，叶片在空气中也能出芽生根。此外，如果叶片足够多，还可以试一下其他2种不同的叶片放置方法：斜插和直插。斜插是将叶片基部朝下成30°～45°角插入基质中，直插是垂直插入基质中，浅浅地插入即可。每种方法扦插10片叶子，比较3种放置方法对扦插效果的影响，调查发根和出芽情况。

3. 扦插后期管理 　避免日光直射，温度保持在15～25℃。保持盒内空气湿润，扦插后基本不需要浇水，如果盒盖儿或薄膜上没有水珠或雾气，说明空气湿度太低，可少量喷水增加湿度。注意每1～2天定时打开盒盖通风换气3～5分钟。扦插几周后就可以在叶基部看见新根和小芽了（图2-4-4）。

图2-4-2　叶片的获取

图2-4-3　叶片平放在基质表面

图2-4-4　叶基部长出新根和小芽

 边做边聊：

1. 叶子上为什么会长出植株？

生物体是由无数个细胞组成的，每一个细胞都具有完整的遗传信息，细胞经分裂和分化后仍具有形成完整有机体的潜能或特性，这就是"细胞的全能性"。植物的细胞具有全能性，每个细胞都具有相同的遗传物质。在适宜的环境条件下，任何一个细胞都具有潜在的形成一个完整的植株的能力。同时，植物体具有再生机能，即当植物体的某一部分受伤或被切除而使植物整体受到破坏时，能表现出弥补损伤和恢复协调的功能。对这方面感兴趣的孩子，可以和家长一起了解著名的克隆羊"多莉"的故事，"多莉"的诞生证明了一个哺乳动物的特异性分化的细胞也可以发展成一个完整的生物体。

2. 其他植物可以叶插吗？

如果孩子提出这个问题，可以找一个普通植物的叶子进行扦插对比，通过观察比较，孩子会发现普通植物的叶子很快就枯黄了，而多肉植物的叶子却始终很饱满。因为多肉植物的叶片肉质多浆，里面含大量水分和养分，这些水分和养分能保持很长时间供应细胞再生，而普通植物的叶子含水量很少，很快就蒸腾消耗完了，没有办法持续供应细胞再生。通过这样一个小试验，可以从小培养孩子的质疑精神，以及解决问题的思路和能力。今后可以持续用不同的多肉植物进行扦插繁殖，孩子会发现，虽然都是多肉植物，但扦插成活的难易程度是不同的。对于那些难生根的多肉植物，如果孩子非常有兴趣想解决这个难题，可以用生根剂促进扦插生根。

3. 采用不同的放置方法，叶片扦插效果一样吗？

制作一个调查表格，和孩子一起观察记录。扦插15天后每隔3天调查一次，调查项目见表2-1。

表2-1　不同叶片放置方法对扦插出芽效果的影响

放置方法	出芽叶片数								
	第15天	第18天	第21天	第24天	第27天	第30天	第33天	第36天	第39天
平置									
斜插									
直插									

 延伸阅读：

《和二木一起玩多肉》，二木

土豆种植桶

　　"吃"为孩子们提供了学习人体、健康、环境、社会等多种知识的机会，孩子们一旦对食材产生兴趣，自然就会去思考很多问题。事实上，在当代社会里，孩子们每天能接触到丰富多彩的食物，但是能接触到变成饭菜之前的食材的机会并不是很多。

　　在家里种植蔬果，是对孩子进行食育的一个非常理想的手段。对孩子来说，栽培是一种乐趣，在理解食材的原型、长在什么地方、如何结出果实、哪个部分可以吃的同时，还可以体验培育的整个过程，孩子们可以从中感受生命的神秘，在开花、结果、收获的过程中获得成就感和满足感。如果忘记浇水，苗就会枯死，给将要枯萎的苗浇上水，苗就会活过来。从这些播种到收获的体验中，提高理解问题和解决问题的综合能力，不会为一时的失败或挫折而发怒或者萎靡不振。孩子们通过培育植物，可以确认自己的成长过程，高兴地等待结出果实的那一刻，如同期待自己理想的未来。

　　土豆是最常见的食材，用它做成的薯条、土豆泥等食物是小朋友的最爱，但可能多数人都不知道土豆是怎么长出来的。不妨在家里种植一株土豆，观察土豆的生长过程，让孩子自己管理，也许孩子忘记浇水苗枯萎了，然而精心管理的就会有收获新土豆的惊喜。通过这样的栽培体验，建立和食物的联系，可以培养孩子们的观察力、责任感和注意力。

材料：

种植桶、垃圾桶、大型花盆均可（深25厘米以上）

种用土豆（图2-5-1）

栽培基质

喷壶

图2-5-1　种用土豆

步骤：

1.**种植**　把种用土豆按芽眼切成小块，保证每块土豆上都有1～2个芽眼（图2-5-2）。将土豆块埋入基质中，注意芽眼朝上，埋入的深度为10厘米，然后浇水。土豆喜欢冷凉环境，要适时早播。

2.**管理**　土豆是喜光作物，在生长期间（图2-5-3）日照时间长，光照强度大，有利于光合作用。生长期间保持土壤湿润，最适生长温度15～22℃。温度高于25℃，薯块就不再膨大了。

3.**收获**　大约3个月后，土豆的叶片枯死2周后，将基质倒出，就可以收获土豆啦（图2-5-4）。最好在收获时将土豆秧慢慢提起，可以让孩子观察土豆在土壤下面的生长状态。还可以用土豆种植套盆，可以待结薯后，随时采收。

图2-5-2　土豆种切块

图2-5-4　收获土豆

图2-5-3　土豆种萌发

边做边聊：

1.你知道马铃薯的传播史吗？

马铃薯是排在玉米、小麦、水稻之后的第四大作物，欧洲有"第二块面包"之称。人类栽培马铃薯的时间已很久远，但它在世界各地广泛传播仅仅有400多年的历史。马铃薯原产南美洲的哥伦比亚、秘鲁、玻利维亚的安第斯山高原区。印第安人最早种植和食用马铃薯，称之为"生长之母"。16世纪世界地理大发现期间，西班牙人把马铃薯从美洲新大陆带到了欧洲。哥伦布发现了新大陆，给我们带来的马铃薯是人类真正的最有价值财富之一。17世纪末，马铃薯已经在欧洲普及，并且传到中国和日本。马铃薯传入我国后，在各地区出现有土豆、阳芋、洋芋、香芋、山药蛋(豆)、地蛋、地豆、爪哇薯、洋薯等别称，最终北京方言土豆成为俗称正名。18世纪上半叶，马铃薯被引进到美国。此后，马铃薯传遍世界。马铃薯的块茎作为食品出现在人类的历史上可以称为一件划时代的大事。

到18世纪末期，马铃薯已成为欧洲大部分地区的主要食物。18世纪的爱尔兰是欧洲最贫困的国家，马铃薯是近一半爱尔兰人唯一的固体食物。自从1845年以来，马铃薯晚疫病横扫以马铃薯为主食的爱尔兰，引发了爱尔兰历史上最大规模的饥荒，俗称马铃薯饥荒，约100万人死于饥荒，还有100万人逃到其他国家。

2. 怎么制作土豆泥？

小小的土豆，不但身世复杂，而且营养价值很高，可以做成不同的食品。土豆泥是儿童容易上手制作的土豆食品。土豆收获后，一起制作土豆泥吧。

 材料：

土豆3个，黄油1小盒，鲜奶3勺，盐适量。

 **做法**：

1. 土豆洗净，放入电饭锅里煮30分钟。
2. 把土豆拿出来，剥皮，捣成泥状，加入黄油、鲜奶和盐，快速搅拌就可以了。

延伸阅读：

《大饥荒：爱尔兰女孩菲利斯的日记》，卡罗尔·德林克沃特

水培郁金香

郁金香被誉为"花中皇后"，是最重要的早春球根花卉，原产地中海沿岸及中亚细亚、土耳其等地，已有2 000多年的栽培历史。我国原产的郁金香有10种，主要分布在新疆。第二次世界大战时期，德国法西斯侵占了荷兰的国土，由于物资匮乏，很多荷兰人为了求生，以郁金香的鳞茎为食才得以渡过难关。第二次世界大战胜利后，荷兰人为了永记这一难忘的岁月，将郁金香奉为国花。

 材料：

郁金香种球（图2-6-1）

适合用能将种球卡住的瓶子

清水或营养液[每升含0.15克的氮磷钾复合肥（15-15-30）加等量的硝酸钙]

 步骤：

1.种球选取 水培郁金香一般选用周

图2-6-1 郁金香种球

径10～12厘米的商品球，要求种球外皮光滑、无机械损伤、无青霉菌感染，根盘处有无损伤也是挑选种球时应注意的。并且所选购的种球必须是经过低温处理的，通常是经过5℃或9℃处理过2～3个月的种球，市场上俗称"5℃球"和"9℃球"。未经低温处理的种球不能直接种植。

2.去皮 种球在种植前应先剥去坚硬的黄褐色外皮，有利于根的生长（图2-6-2）。

3.生根阶段管理 将花瓶或其他容器装入清水或营养液，然后将种球放入容器口，使水浸没种球的一半。生根阶段，无需光照，可将其放入纸盒，放在阳台等阴凉处，温度保持在6～8℃，大约两周生根（图2-6-3）。生根阶段由于水分消耗很快，应每2～3天检查一次水分情况，及时补足水分，防止根因失水而干枯。

4. **植株生长阶段管理**　当根须生长至4厘米左右即完成生根阶段，进入植株生长阶段，这个时候就可以将郁金香种球移至光照充足的地方，温度控制在15～18℃为宜。室内温度最高于25℃时，植株生长细弱，如果光照不足，将会导致植株出现徒长，影响开花质量。

温度升高后，植株生长十分迅速，要注意营养液的补给。第一周，加两三次水。1周后，每两天加一次水，确保郁金香始终有水可吸。水培郁金香植株生长至开花需要20～30天（图2-6-4），此阶段需要不断进行追肥，以保证植株正常生长发育的需要，每3～5天补充或更换一次营养液。

图2-6-2　去掉表皮的郁金香种球

图2-6-3　郁金香生根

图2-6-4　郁金香开花

　边做边聊：

1. 郁金香的鳞茎结构是什么？

我们在"草石蚕盆栽"里聊到了变态茎，郁金香也是一种变态茎，称为鳞茎。郁金香的茎部极短缩，在鳞茎的基部形成鳞茎盘，中央有顶芽，顶芽被鳞片包围，鳞片是变态的叶子。洋葱、风信子、水仙也是鳞茎，而且和郁金香一样都是有被鳞茎，有多层鳞片，封闭成筒状，外面包裹着皮膜。郁金香又称为"土耳其洋葱"，可以拿一个洋葱做实验了解鳞茎的组成结构。首先横切，会看到横切面上鳞片呈同心圆排列，再纵切一个洋葱，就会看到中央的顶芽和基部的鳞茎盘。

2. 郁金香是哪个国家的国花？

国花是被选作一国表征的花卉，用来反映该国人民对该种花卉的传统爱好和民族感情。郁金香是荷兰的国花。虽然荷兰不是郁金香的原产地，但从其他国家和地区引入郁金香资源后，经二三百年杂交、改良，荷兰已成为世界"郁金香王国"。目前，世界上195个国家之中，共有127个国家拥有国花。大多数国家只设1种国花，如德国的国花是矢车菊，韩国是木槿花，美国是月季等。但还有少数国家有2种甚至更多的国花，如日本以菊花为皇族国花，樱花为民间国花；仙人掌和大丽花都是墨西哥的国花。中国是个花文化高度发达的国家，但在清代以前，还没有任何一种花卉被称为现代意义上的国花。自清代慈禧太后懿定牡丹为国花，"国花"问题才逐渐引起了人们的关注和思考。1928年，民国时期国民政府又将梅花定为国花。牡丹和梅花原产中国，在中国具有悠久的栽培历史和广泛的群众基础。牡丹国色天香，是"花中之王"象征着富贵；梅花清香素艳，象征坚贞不屈、高洁清远。虽然中华人民共和国成立至今还没有正式确定国花，但牡丹和梅花所承载的精神内涵得到中华民族的普遍认同，因此，作为国花呼声最高。

延伸阅读：

《黑郁金香》，大仲马

《郁金香热》，迈克·达什

饮料瓶水培吊兰

吊兰是常见的室内观叶植物，不仅形态优美，而且其叶片能够有效吸收和消除甲醛、苯等室内污染物，有绿色"空气净化器"之称。喜温暖湿润环境，根系具有耐淹能力，无需经过水生诱导即可形成适应厌氧环境的水生根，非常适合做水培栽植，既可观叶，又可赏根，而且还非常干净。

 材料：

水培容器

吊兰

泡沫或海绵

水

步骤：

1. 准备水培容器　凡是能盛水的容器都可用来水培吊兰，最好用透明器皿，既能观察根系的生长情况，又能欣赏水中洁白的根系。身边的玻璃瓶、塑料杯、矿泉水瓶等都可以，挑选自己喜欢的大小和形状，环保又美观。还可以用肯德基、麦当劳等快餐店的带盖子的透明塑料水杯，盖子上面有插吸管的孔，如果吊兰植株较大，可以将开口再开大一点儿。如果用矿泉水瓶，将顶部剪下一部分，倒扣在剩余的瓶体上。如果用玻璃瓶，需要剪一块和瓶口大小差不多的泡沫或海绵，然后在泡沫或海绵的中央挖一个小洞用来固定吊兰。还可以购买专用的水培定植篮。此外，陶瓷酒瓶也是水培吊兰的绝佳容器，下次爸爸们喝酒后的空酒瓶就有用武之地啦！

2. 准备吊兰　将盆栽吊兰从盆中取出，收拾干净枯黄叶片，洗净泥土，剪去老根（和孩子一起观察一下土培根的形态和特点，拍照记录，以后和水中长出的根进行比较），根部留3～5厘米长即可。如果吊兰有匍匐茎（图

2-7-1)，最好剪取匍匐茎上有气生根的小吊兰水养，因为匍匐茎上的气生根非常适合水培环境，管理也容易，水养5天左右就可以萌生新根系。

3. 水培 将吊兰植株的根系插入瓶盖或泡沫的小孔中固定，如果用定植篮，可在篮中填入兰石或麦饭石加以固定，并增加通透性，然后将植株放入透明的瓶中，加水至根系在水面下2厘米。不要把吊兰的白色肉质根全部没入水中，否则会积水导致烂根（图2-7-2）。

4. 日常护理 放在散射光较好的地方有利于新根的萌发。匍匐茎苗几天后就会萌发雪白的新根。待新根长出后，保持基部1/3的根系在水里就可以了。用洗根法或分株法水培吊兰，初期必须每天换水，清洗根系，剔除烂根，25～30天根茎部位能够长出新根，生新根后可以减少换水的次数（图2-7-3）。

图2-7-2 水培吊兰

图2-7-3 吊兰在水中萌发新根系

图2-7-1 吊兰匍匐茎

 边做边聊：

1. 为什么有的植物可以在水里生长，有的植物不能在水里生长？

我们都知道，一般植物浇水过多或排水不良，都会造成根系腐烂。可是水生植物或水培植物总泡在水里，它的根系为什么不会腐烂呢？原来水生植物的细胞间隙特别发达，经常还发育有特殊的通气组织，通气组织是植物薄壁组织内一些气室或空腔的集合，以保证植株在水下的部分能有足够的氧气。荷花是最典型的例子，藕是荷花的地下茎，将藕纵切后，就会看到很多孔洞，那就是它的通气组织，叶柄里也有这样的孔眼，孔眼与孔眼相连，彼此贯穿形成一个输送气体的通道网。空气从荷花叶片的气孔进入后，就能通过这个通道进入地下茎和根部的通气组织，整个通气组织通过气孔直接与外界的空气进行交流。这样，荷花即使长在不含氧气或氧气缺乏的污泥中，仍可以"出淤泥而不染"。下次到菜市场记得买些藕回家和孩子一起观察一下其构造。

其他一些植物（包括两栖类和陆生植物）在缺氧环境中也会分化产生通气组织或加速其发育，在水生环境下诱导生成的根系明显具有水生植物根系的特点，具有较高的根系活力和适应水生环境的通气组织，能够适应淹水的环境条件。水生诱导根系结构和功能上与旱生根已发生了很大的变化。吊兰是既可以土培又可以水培的植物，它很容易产生水生根系，因而植株才能在水培下长期正常生长发育。

2. 匍匐茎是什么意思？

匍匐茎细长柔弱，平卧地面，蔓延生长，一般节间较长，节处生不定根及芽，如草莓、蛇莓、吊兰、虎耳草等。草莓主要是靠匍匐茎进行繁殖的。

 延伸阅读：

《小小环保人》，天才教育出版社（韩）

长在瓶子里的黄瓜
（青瓜瓶）

常新港的《青瓜瓶》中描写了娜娜的爷爷来她家时带了一个青瓜瓶，一个大大的黄瓜泡在一个小口的酒瓶子里。城市里的孩子从没见过，娜娜是那么好奇，怎么也想不明白，那么大的黄瓜是怎么从那么小的瓶口装进去的。她每天放学回来，都到爷爷的房间去看爷爷，其实是看那放在窗台上的青瓜瓶。有的时候孩子对单纯的园艺种植并不感兴趣，可以通过增加一些趣味性和神秘性，让孩子乐于参与到园艺活动中。制作"酒黄瓜"就是个有趣而神奇的活动。在民间流传着一个关于"酒黄瓜"的谜语："一个娃娃瓶中藏，饮起酒来它内行，将有一天酒不在，主人弃瓶它忧伤。"在制作过程中，家长和孩子收获了乐趣，增加了感情。酒黄瓜还可以长期保存，像个工艺品，也可以作为礼物赠送给亲戚朋友。人们总说现在的孩子写作文没有新意，没有感动人的地方，很假、很空。其实原因之一就是现在的孩子真的很少有像制作青瓜瓶这样难以忘怀的趣事，每天大量重复的作业，磨掉了孩子的好奇心和求知欲，而这些正是需要家长精心呵护的啊。

 材料：

一株黄瓜或黄瓜种子

玻璃瓶或矿泉水瓶

绳子

蔬菜专用全营养肥料

蔬菜营养土

剪刀

棕色纸袋

🍴 步骤：

1. **准备黄瓜植株**　如果已经种植了黄瓜可以直接用，也可以从播种开始。种子播种深度2厘米，播种后浇透水，保持土壤湿润，2～3周就能萌发。整个生长期保持土壤湿润，出蔓后每个月施一次肥蔬菜专用全营养肥料。

2. **小黄瓜装入瓶子**　开花以后，每天检查小黄瓜发育情况。一般每朵雌花都会结一个黄瓜（图2-8-1）。将小黄瓜顶部的花轻轻摘掉，在旁边用绳子吊一个瓶子，把小黄瓜轻轻放进瓶口里（图2-8-2）。如果有的黄瓜叶子阻碍将小黄瓜装进瓶子里，可以把它剪掉。注意要将瓶子放在叶子下面以遮挡强光，如果叶子遮不住，可以把瓶子放在棕色的牛皮纸袋里。

3. **制作酒青瓜**　黄瓜长到足够大时，或者长到你希望的大小时，就可以从枝蔓上剪断。一般大约1周，黄瓜就会长得和瓶子一样长了（图2-8-3）。在瓶子里加满水反复冲洗几次，然后控干，再加入白酒，酒黄瓜就制作成功啦。也可以加入白醋延长保存时间。如果有兴趣，还可以尝试其他蔬菜，番茄、茄子、南瓜等都可以制作蔬菜瓶。

图2-8-1　黄瓜雌花

图2-8-2　装入瓶子的小黄瓜
　　　　　已开始长大

图2-8-3　黄瓜已长到瓶子大小

边做边聊：

1. 仔细观察，黄瓜的花是不是都是一样的？

黄瓜是单性花，一朵花中仅有雄蕊或雌蕊，分别称为雄花和雌花，但雌雄同株。

2. 放在酒里的黄瓜为什么不会腐烂？

食物腐败变质主要是由微生物的生长和大量繁殖而引起的。因此，食品保存就要尽量地杀死微生物或抑制微生物的生长和大量繁殖。微生物生长和繁殖与很多条件有关，例如食物中的水分、外界的相对湿度、酸碱度、氧气、营养物质、温度、渗透压等，破坏微生物生长繁殖条件中的任何一项或几项都可以防止其生长和繁殖。白酒的主要成分是酒精，能使细菌蛋白脱水、变性凝固，最终杀死细菌。传统的食品保存方法除了酒泡以外，还有干制、盐腌和糖渍等。细菌和其他微生物都需要水才能生长。因此，将食物脱水进行干制，能停止微生物的生长，如鱼干、干菜等。许多食物还利用盐腌或糖渍进行保存，这是由于渗透压的作用，一方面，糖或盐渗入食品组织中，降低其水分活度，提高渗透压，抑制了微生物的活动；另一方面，盐腌和糖渍时，食物外部的溶液浓度高，食物中的水分就会渗透出来，内部接近干燥的状态，微生物很难繁殖。而且，高浓度食盐和糖溶液对微生物也有脱水作用，微生物在高浓度盐或糖溶液中很难生存。现代的食品贮存方法主要有罐藏、脱水、冷冻、真空包装、添加防腐剂等。

 延伸阅读：

《青瓜瓶》，常新港

火龙果小盆栽

　　火龙果是一种常见的水果，又称为红龙果、仙蜜果、青龙果（越南）等，英文名是Dragon Fruit。火龙果含有丰富的维生素和水溶性膳食纤维，很多小朋友都喜欢吃。但小朋友们可能不知道，火龙果除了吃掉它，你还可以亲手播种制作一盆萌萌的火龙果小盆栽呢！在品尝美味的火龙果时，你一定注意到在果肉中有一些芝麻大小的黑色的颗粒，其实它们就是火龙果的种子。一颗成熟的火龙果果实中约有上千粒种子。火龙果的种子很容易萌发，选取心仪的容器进行播种，就可以制作一盆属于你的火龙果小盆栽了。小朋友们是不是已经等不及啦？

 材料：

火龙果

无洞容器

喷壶

培养土、粗沙

纱布袋、无纺布或丝袜

保鲜膜

滤网或厨房纸

步骤：

　　1.取种子　挑选新鲜的火龙果，将其切成两半，用不锈钢汤匙将果肉刮入盆中，那些黑色的小颗粒就是火龙果的种子（图2-9-1）。在盆中加水，用手指轻轻将果肉捻碎，尽量使果肉与种子分开，然后

图2-9-1　火龙果果肉和种子

浸泡1天。第二天，把搓碎的果肉与种子倒入纱布袋（无纺布或丝袜）中，用力挤出果肉，然后在纱布袋中再加水稀释，继续揉搓和挤压，促使果肉与种子分离，这个过程要反复几次，直至过滤干净种子外的其他果肉组织为止。一定要将附在种子上的果肉和胶质清除干净，否则发芽时易长霉菌。清洗干净后的种子摸起来有点涩涩的感觉。注意整个取种子过程要在3天内完成，否则种子会发芽，就不利于播种了。

2. **干燥种子**　将过滤出来种子倒入滤网里沥干水分，只要不滴水即可。如果没有滤网，也可以先尽量挤干纱布袋的水分，再将种子倒在厨房纸上吸干表面水分。然后把种子铺在手背上（图2-9-2），利用体温让种子完全干燥，轻轻拍打手臂，干燥的种子就会慢慢掉落下来。这个过程好像在种子里洗手一样，小朋友一定喜欢。

3. **播种**　选取自己喜欢的无洞容器，在底部加一层粗沙，起到隔水的作用（图2-9-3）。然后添加无菌培养土至距容器边沿约1厘米深，先喷洒一点儿水使土壤表面潮湿，然后将种子撒在培养土上（图2-9-4），注意一定要均匀，种子可以铺得密一些，尤其是边缘的部分也要撒满种子，这样幼苗萌发出来后才会充满整个容器，否则种出来之后斑斑驳驳，失去美感。

4. **喷水、覆膜**　用喷壶来回喷3次即可，保证种子都均匀地浇到水。喷水后，用保鲜膜将容器包起来（图2-9-5），以保持土壤表面湿润，直到长出新芽后才完全掀开。

5. **播种后管理**　将容器放置在温度25℃左右的环境下，每隔2天掀开保鲜膜喷水一次，保持土壤湿润。5～7天后，就可以看见新芽长出来了（图2-9-6）。此时小朋友一定非常兴奋，别忘了及时把保鲜膜拿下来，让小

图2-9-2　干燥种子

图2-9-3　容器底部加一层粗沙以利排水

苗逐渐接受光照。3～4周后，火龙果的子叶逐渐舒展开，种子的外壳就会陆陆续续掉落，整个花盆感觉郁郁葱葱，生机盎然（图2-9-7）。4个月以后，你会看到茎上逐渐长出像仙人掌一样的小刺，超级可爱[图2-9-8（1）、图2-9-8（2）]。

图2-9-4　播种

图2-9-5　覆膜保湿

图2-9-6　种子萌发

图2-9-7　郁郁葱葱的小苗

（1）

（2）

图2-9-8　长出像仙人掌一样的小刺

👋 边做边聊 :

1. 奇妙的仙人掌科植物

火龙果（图2-9-9）是仙人掌科量天尺属植物，原产于中美洲热带地区的哥斯达黎加、危地马拉、巴拿马、古巴、墨西哥等地，属于热带植物。在被子植物中，仙人掌科是一个十分奇妙的大家庭，有80余属、2 000多种。绝大多数仙人掌科植物的故乡在美洲，其中尤以墨西哥分布的种类最多，素有"仙人掌王国"之称。传说太阳神为了拯救四处流浪的墨西哥人祖先阿兹特克人，托梦给他们，只要见到鹰叼着蛇站在仙人掌上，就在那地方定居下来。阿兹特克人在太阳神的启示下找到了那个地方并定居下来，建

图2-9-9 火龙果植株

立起自己的家园——墨西哥城。1822年，墨西哥政府根据这个神话传说制定了国徽。

仙人掌科植物最奇妙之处是多数种类没有叶子，而是在肥厚多汁的茎上长着形态各异的刺或毛。这是因为这类植物多生活在干旱少雨的热带、亚热带荒漠地区，为了减少水分散失，叶子变态或退化成刺或毛了，而光合作用则由绿色的茎代替叶进行。形状、颜色各不相同的刺丛与茸毛千姿百态，尤其是一些鲜红、金黄的刺丛与雪白的茸毛，更是受到观赏者的宠爱。

另一个奇妙之处是肥厚的肉质茎奇形怪状。有的种类茎成片状，如仙人掌；有的茎形如棱柱，如武轮柱；有的茎则状似圆球，如金琥。一些高大种类可以长到十几米高。美国亚利桑那州沙漠中的巨人柱 (*Carnegiea gigantea*) 可谓是巨型仙人掌，高可达10～20米，重达数吨，能活200多年。它的茎具有极强的贮水能力，当沙漠中一场罕见的大雨过后，一株巨大的巨人柱的根系能吸收大约1吨水，如同一座小水库。而一些体形微小的种类，身高则不足几厘米。松露玉 (*Blossfeldia liliputana*) 是仙人掌科植物中形体最小的种类，单球直径仅1～1.6厘米，植株小巧，绿色的球体上镶嵌着螺旋状排列的白色星点，十分别致，是多肉爱好者收集栽培的珍品。

别看仙人掌奇形怪状，还有锐利的尖刺，但它们开出的花朵却绚丽多彩，分外娇艳。其中，昙花 (*Epiphyllum oxypetalum*) 是仙人掌科最著名的观花种类

之一，具有晚上开花的习性，而且很守时，只在晚上8～9时开放，仅历2～3小时即谢，因而有"昙花一现"之说。为了改变这种现象，让更多的人能欣赏到昙花一现的美妙之处，科学家们采取颠倒昼夜的处理方法，把花蕾已长至6～9厘米的植株白天放在暗室中不见光，晚上7时至翌日上午6时用100瓦的强光给予充足的光照，一般经过4～5天的昼夜颠倒处理后，就能够改变昙花夜间开花的习性，可使昙花在大白天悠然开花。

人们常常认为，仙人掌科植物只是作为观赏植物，没什么其他用途，其实不然。仙人掌科有很多种类的果实可作水果，火龙果就是作为水果栽培最广泛的仙人掌科植物之一。很多人只知道"昙花一现"之美，却不知道昙花的浆果和花都是可以吃的。仙人掌属植物的嫩芽和削去皮的茎节可煮食或作凉拌菜。金琥属和强刺属的一些仙人球的肉质茎不但可作为蔬菜和加工成果脯，还为沙漠旅者提供饮水。许多仙人掌科植物还具有药用价值。在美洲一些缺乏木材的地区，人们用柱形种类仙人掌的木质茎充作薪材或搭盖房屋和牲口棚。

仙人掌科植物还有一个奇特之处是，大多数植物是白天吸收二氧化碳，进行光合作用，而仙人掌科植物为了抗旱，白天气孔关闭，晚上吸收二氧化碳。

2. 火龙果小档案

火龙果是作为水果栽培最广泛的仙人掌科植物，由荷兰人和法国人引入中国台湾和越南，越南旅游开放之后，带动了火龙果的速度发展，出口欧洲和亚洲各国。我国大陆的主要品种也是由台湾改良引进，目前火龙果已成为我国南方主要盛产水果之一。火龙果植株生长迅速，一年可长7.5米，最高可长至10米；茎呈三角状，茎节会生长攀缘根，可攀附在墙壁、棚架或其他柱状物上生长；花巨大，花朵长度可达14厘米，花蕾似漏斗；果实有红皮白肉、红皮红肉及黄皮白肉等类型；植株寿命极长，可达100年以上。

 延伸阅读：

《仙人掌旅馆》，布伦达·Z·吉伯森

水果（柑橘类）种子盆栽

我们每天都要吃水果，很多水果都有种子。有的水果种子很小，可以直接吃到肚子里，如草莓、树莓、蓝莓、火龙果等；有的水果的种子很大而且硬，必须把种子吐出来，如橘子、龙眼、荔枝、桃子等，通常我们将这些水果的种子直接丢掉了。但你可曾想过，找个漂亮的花盆，种上这些种子呢？其实，我们每个人心中都有这样的好奇，这些好吃的果子都是在什么样的树上结出来的呢？尤其是现在的孩子，吃的都是加工好的食品，很多孩子只认得大米，不认识水稻，甚至不知道面粉是用小麦磨出来的。让孩子亲手种植一粒自己吃的水果的种子，看着它萌芽、生长，不仅能感受种子的神奇力量、建立和自然的联系，而且能培养孩子对自然的敬畏和对生命的珍视。

图2-10-1　柚子种子播种幼苗

柑橘类是我们经常吃的水果，很方便获取种子，种子播种也非常容易，而且一年到头叶子都是绿油油的（图2-10-1），观赏效果极佳。其中，金橘还是人气最旺的年宵花之一，叶色油绿，花芳香，果实多，挂果时间长，很多地方都作为过年的开运植物。我们不妨就从金橘的种子开始，相信大家一定会爱上水果种子盆栽的。

 材料：

金橘（图2-10-2）[也可以用橘子、柚子、柠檬等其他柑橘类水果（图2-10-3）]

小碗

图2-10-2　金橘

花盆

培养土

镊子

塑料薄膜

喷水壶

蛭石、火山石或麦饭石

步骤：

1. **获取种子**　剥开果皮，取出在果肉中的种子。完全成熟的金橘果实外皮金黄色、比较软，很容易剥开，未完全成熟的果实外皮黄绿色，较硬，但也可以用来取种子。

2. **浸种**　将取出的种子放在小碗中，加水，搓洗掉种子表面的果肉，再用水反复冲洗，直到水中没有果肉为止。然后每天清洗换一次水，在水中连续浸泡7天（图2-10-4）。

3. **播种**　容器中加培养土，需选择疏松透气的培养土，切忌用黏土。用镊子将种子的尖部朝上插入基质中（图2-10-5、图2-10-6），种子在容器中由外向内依次排列整齐，种子排列要紧密，以保证萌发后有小森林的效果。种子插好后，再用培养土或蛭石覆盖，也可以用小粒火山岩或小粒麦饭石盖在种子上，这样盆栽表面更清洁。一定要完全覆盖，不要露出种子（图2-10-7）。然后喷水，保证基质充分湿润。

4. **覆盖**　在容器上覆盖塑料薄膜保持湿度。放在温暖、散射光的位置，3～4周后会发出新芽（图2-10-8）。

图2-10-3　各种柑橘类水果

图2-10-4　浸泡种子

图2-10-5　种子的尖
　　　　　部朝上插
　　　　　入基质

图2-10-6　播种

图2-10-8　种子萌发

图2-10-7　覆盖

 边做边聊：

1. 所有的水果种子都可以直接播种吗？

日常生活中我们可以尝试很多种子的播种，但并不是所有的水果种子都能直接播种。果树分落叶果树和常绿果树，落叶果树的种子存在着休眠现象，如苹果、梨、桃、李、杏、樱桃等，这些水果的种子直接播种不会萌发，需要在低温下贮藏一段时间打破休眠才能萌发；常绿果树的种子则一般没有休眠，如柑橘类、龙眼、火龙果、芒果等，可以直接播种。不妨尝试一下草莓种子的播种，孩子一定会感兴趣。草莓的种子很奇怪，长在果实的外表，这是因为草莓的种子其实是它的果实，而我们吃的"果实"部分是由花托发育而来的，整个草莓果实是一个聚合瘦果。先把草莓带种子的表皮薄薄地削下来，置于旧报纸或餐巾纸上晾干，然后收集种子，再将种子和湿沙子混合，沙子的湿度以手捏成团、一打即散为宜，将混合好的种子装入自封袋，置于4℃冰箱中，冷藏4周后即可播种到基质中，大约20天萌芽，定植当年即可开花结果。但结的果实和原来的品种肯定不一样了，这是因为草莓品种都是杂合的，种子播种出来的后代会发生变异，但你的草莓绝对是世界上独一无二的。

2."桔"和"橘"的区别是什么？

"桔"跟"橘"是两个没有关系的字。尤其应当指出的是，"桔"不是"橘"的简化字。"桔"读jié，经常组成的词语有"桔槔"和"桔梗"。"桔槔"是一种汲水工具，"桔梗"是一种多年生草本植物，能入药。"橘"读jú，指橘子树，也指橘子。"桔"跟"橘"不应混淆。特别要注意的是，不宜用"桔"来代替"橘"使用。

3.柑橘文化有哪些？

柑橘是柑橘类植物和水果的总称，从植物学角度来说，柑橘类植物主要包括枳属、金柑属和柑橘属。从水果角度来看，柑橘类水果包括橘、柑、柚、金柑、枳、枸橼、柠檬等。市场上可以买到很多种柑橘类水果，如砂糖橘、柚子、柠檬、丑橘、芦柑等。不妨和孩子一起逛逛市场，买一些各种柑橘类水果，边吃边比较，一定非常有趣。不用担心一下子吃不完，因为柑橘类水果很耐贮藏，如果真的买了外表漂亮而里面已严重失水的果子，还可以趁机和孩子说说"金玉其外，败絮其中"（明·刘基《卖柑者言》）的故事。

柑橘是世界第一大水果，原产于我国，现在已有5大洲140多个国家和地区栽培柑橘。我国柑橘栽培历史悠久，柑橘文化博大精深，了解我国丰富的文化传统，有利于培养文化自信。早在2 400年前，战国时代的楚国文学家屈原就写下了不朽的诗篇《橘颂》，这是中国诗歌史上第一首咏物诗，诗人将柑橘称为"后皇嘉树"，透过"绿叶素荣，纷其可喜兮"的美丽外形，表现"秉德无私""淑离不淫"的内在品质，为柑橘塑造了"受命不迁""苏世独立"的坚定不移的品格。柑橘在人们社交礼仪中占有重要的地位，自古被视为"贤孝上品"。《三国志·吴志·陆绩传》记载，陆绩6岁时，在九江谒见袁术，袁术拿出橘子招待，陆绩往怀里藏了三个。临行拜别时，橘子滚落地上。袁术笑道："陆郎来我家做客，走的时候还要怀藏主人的橘子吗？陆绩回答说："橘子很甜，我想拿回去送给母亲尝尝。"袁术见他小小年纪就懂得孝顺母亲，十分惊奇。这一典故被后世列入《二十四孝·怀橘遗亲》，成为我国孝文化的典范。

 延伸阅读：

《水果们的晚会》，杨唤

建造一座"草房子"

"十四岁的男孩桑桑，登上了油麻地小学那一片草房子中间最高一幢的房顶。他坐在屋脊上，油麻地小学第一次一下子就全扑进了他的眼底。秋天的白云，温柔如絮，悠悠远去；梧桐的枯叶，正在秋风里忽闪忽闪地飘落。"

——《草房子》

阅读是一件多么有趣而令人享受的事，可是很多孩子却不喜欢阅读。生活中，父母和老师总是教孩子阅读的技巧，但很少想办法激发他们的阅读动机和兴趣，其实，还有比想要阅读更重要的阅读技巧吗？但人与书并不是先天就相互吸引的。父母可以通过孩子的日常观察，或者一起做一些小活动、小手工引起孩子对某方面的好奇和兴趣，进而产生求知欲，激发阅读的渴望，父母适时加以引导，通过阅读让孩子得到满足，并逐渐培养孩子的自主阅读能力。要知道，我们教孩子去热爱与渴望，远比我们教孩子去做重要得多。

亲子共读是培养孩子阅读兴趣最有效的途径，趁孩子还小的时候朗读给他听，不仅可以提高孩子的听、说、读、写能力，更重要的是，可以培养孩子对于阅读的兴趣，让孩子发现看书其实是和美好相遇的过程，书里有他想知道的答案和无穷的乐趣。父母越早将书带到孩子的世界，越能培养孩子读书的兴趣，进而养成爱读书的好习惯。和孩子相拥坐在一起，共读一本书，共说一段话，无疑是这世间最美好的时光了。作为父母的我们要知道，任何工作和应酬都是可以改期、延迟，或者取消的，唯有教育孩子陪伴孩子的机会，是稍纵即逝、一去永不会复返的。今天，就让我们和孩子一起建造一座"草房子"，然后和孩子一起阅读《草房子》，开启亲子共读之旅吧。

 材料（图2-11-1）：

卫生纸卷筒

红色、绿色、蓝色等各色彩纸

黑色马克笔

脱脂棉

小的圆形酸奶盒（大小以能放入卷筒和沿

可以卡在纸筒上方为宜）

草籽

胶水、剪刀

《草房子》

图2-11-1　材料准备

步骤：

1. 制作草房子的屋体部分　在红色、绿色、蓝色等各色彩纸上用黑色马克笔画出门框、窗户，然后剪裁下来粘贴到纸卷筒上即可（图2-11-2）。

2. 制作草房子的屋顶　将脱脂棉放入酸奶盒中压实，加水浸湿，草籽事先用水浸泡24小时，将草籽撒在脱脂棉上即可（图2-11-3）。如果没有合适的塑料盒，也可以用塑料袋包裹脱脂棉代替。

3. 组装草房子　将酸奶盒放入卫生纸筒的顶部，然后将小房子放在温暖的地方，持续保持脱脂棉湿润，可以每天喷点儿水，接下来就耐心观察小房子的绿色房顶慢慢长出来吧（图2-11-4）。如果小草长高了，还可以进行修剪，这样房顶就会整整齐齐了。

4. 一起读《草房子》　草房子建好了，拿出《草房子》一起阅读吧。

图2-11-2　制作房子

图2-11-3　撒种子

图2-11-4　制作房子

城市里怎么看不到草房子？

随着时代和经济的发展，建筑的材料和形式不断改进，人们的居住条件也在不断改善。不知你是否发现，城市里有各式各样的建筑，就是很少有草房子，我们现在只能在边远的农村和少数民族地区零星找到一些茅草房。

远古时代，为防止野兽、虫害的侵袭，人类开始穴居。在新石器时代，先民走出洞穴，离开崖居，并在不同地区因地制宜地创造了袋穴、干栏式房屋等建筑形式，这一时期屋面的主要防水材料是茅草。我国自周朝起，茅草屋面就得以广泛应用。茅草之所以能防水，主要是利用屋顶坡度大，雨水流速急，再加上茅草铺得很厚，残存的雨水不容易渗透。但若赶上连续降雨，雨水还是会从草里渗下去，另外茅草与基层结合也不牢，难怪杜甫的茅草屋会出现"八月秋高风怒嚎，卷我屋上三重茅""床头屋漏无干处，雨脚如麻未断绝。自经丧乱少睡眠，长夜沾湿何由彻！"的情况。

由于茅草的防水效果并不是非常好，而且易发生火灾、易被虫蛀，需要更好的防水材料替代，加之对审美的需求，瓦就应运而生了。最早的瓦出现在距今约3 000年的西周早期，秦汉时期是瓦的发展兴盛阶段，素有"秦砖汉瓦"之称。瓦的诞生使屋面发生巨大的变革，成为屋面防水的主材料，统治屋面几千年，直到19世纪出现比瓦更好的油毛毡防水材料，瓦才渐渐失去了作为防水材料的辉煌。由茅草到瓦，再到现在的全封闭整体防水，屋面的防水机理由构造防水到材料防水，反映了我们人类的聪明才智。今后在参观历史古迹时，别忘了和孩子一起好好观察一下建筑屋顶，那一片片瓦可能已经存在数百年，甚至几千年，它的生命历程，有太多的故事。

延伸阅读：

《草房子》，曹文轩

培育一粒属于自己的种子

学习能满足我们的好奇心和求知欲，本来应该是件快乐的事，但很多孩子却厌学，究其原因多是孩子缺少好奇心和求知欲，而这和家长的培养不无关系。每一个孩子天生都有好奇心，但好奇心能否一直保持，在很大程度上依赖于早期生活受到的鼓励。如果他们探索周围事物的行为能得到鼓励与支持，好奇心就会逐渐内化为其人格特征；相反，如果忽视或一味地打压他们的兴趣爱好，好奇心就会逐渐消退，进而丧失求知的欲望，孩子则很难在学习中找到乐趣，自然就不爱学习了。一个富有好奇心的人能够保持旺盛的求知欲，在获得知识的过程中体验乐趣，这种乐趣又会激励他不知疲倦地去探究未知的领域。因此，父母应注意滋养孩子的好奇之心，一方面要保护孩子的好奇心，如认真回答孩子提出的即使很幼稚的问题，陪伴孩子一起探究问题的答案；另一方面还应该通过一些活动激发孩子的好奇心，增加孩子的求知欲望，培养其对未知领域的探索精神，逐渐养成自主学习的好习惯，如家长和孩子一起亲手培育一粒种子，在这个过程中，不但每个人都会在创造属于你自己的东西的过程中收获的快乐，而且还能激发孩子的好奇心和求知欲，培养孩子的探究精神、动手能力、观察能力、比较分析能力等科学素养。

 材料：

一盆即将开花的君子兰

棉签

标签或细线

铅笔

 步骤：

1. **准备植株**　到花卉市场购买一盆即将开花的君子兰，君子兰一般在1～

2月开花。

2. 观察君子兰开花过程　君子兰开花时，首先从叶丛中抽出花剑，然后小花逐渐伸长，花瓣再张开，花瓣张开后，花药成熟开始散粉（图2-12-1）。

3. 授粉　在中午前后进行授粉，用棉签蘸上花粉涂抹在另一朵花的柱头上（图2-12-2），留2朵花不授粉。将涂抹了花粉的小花系上标签或细线作为标志，在标签上写上授粉的日期，未涂抹花粉的花朵作为对照，观察结实情况的差别。

4. 观察果实发育过程　授粉受精成功后，子房会逐渐膨大，开始时是绿色，快成熟时转为紫红色，最后成熟时为红色（图2-12-3）。果实成熟大约需要9个月。

图2-12-1　花药成熟开始散粉

图2-12-2　授粉

图2-12-3　果实成熟

5. 采后和播种　君子兰果实成熟后，即可采收种子。将果实摘下来，剥去果皮，就可以看到肉质种子了。君子兰的种子取出后寿命很短，需要立即播种。播种采用珍珠岩、锯末或腐叶土为基质，将种子浅浅地埋在基质下，保持湿润。温度20～30℃条件下，一般10～15天就可以长出胚根，30～40天可长出胚芽鞘，50～60天可以长出第一片叶。

 边做边聊

1. 花的结构及各部分名称

一朵完全花是由花萼、花冠、雄蕊、雌蕊4部分组成。花萼由萼片组成；花冠由花瓣组成；花萼和花冠合称花被。雄蕊是由花丝和花药组成；雌蕊是由柱头、花柱和子房组成。

2. 多种多样的植物传粉方式

高等植物固着生长的特性使它们不能主动寻找"配偶"，它们的有性生殖依赖于成功的花粉传递，这是由于花粉中包裹着精子。这个由花粉囊散布的花粉借助于一定的媒介被传递到同一朵花或另一朵花的柱头上的过程称为传粉。传粉是高等植物的特有现象，也是高等植物受精的必经过程。我们采用的是人工授粉的方式给君子兰传粉，其实自然界中植物有多种多样的传粉方式。植物的传粉方式主要分为非生物传粉和生物传粉两大类，此外还有适应于特殊环境的传粉方式。

非生物传粉主要包括风媒和水媒两种。靠风力传送花粉的方式称为风媒。风媒植物的花多密集成穗状花序或柔荑花序等，如大部分的禾本科植物和木本植物的栎、杨、桦木等都是风媒植物。风媒植物花粉量极大，如一株玉米可产生约500万粒花粉，而且表面光滑，重量极轻，容易被风传送，使距离在数百米以外的雌花能够受精是极其普通的现象。

靠水力传送花粉的方式称为水媒。水媒花的花粉有耐水力，例如驴蹄草在下雨时开放中的花能积蓄雨水，使其花药与柱头漂浮在同一水平，这样花粉可以通过水表漂越到柱头上实现自花传粉。更神奇的水媒植物是苦草，苦草生长在水下，雌雄异株，雌花有长长的花柄自植株的基部长出，更为奇特的是，其长度还往往随水的深度而变化，当水深时，花柄就拼命地伸长；当水浅时，花柄就收缩成螺旋状，使雌花永远保持漂浮于水面的位置。雄花则成簇地生于水中叶片的基部，一旦雄花成熟，花柄就自动断裂，小花随即浮出水面，花瓣张开并向后反卷，使雄蕊突出，此高度正好与雌花中柱头的高度相当，借助水流或微风的作用，雄花靠近雌花，最终完成了传粉。

生物传粉是借助传粉生物传播花粉，常见的传粉生物包括昆虫、鸟类及

一些哺乳动物等。昆虫是被子植物传粉的主要媒介，这种传粉方式叫虫媒。虫媒植物的花多具有蜜腺能分泌香甜的花蜜，花粉表面往往生有复杂的刺状、粗网状、棒状、棒状的纹饰，花粉表面具有果胶质层，容易黏附于昆虫身上。在全球尺度上，蜂（尤其是蜜蜂和熊蜂）是最重要的传粉者，大约有2万种蜂访花采蜜。此外，蝴蝶、蝇类、甲虫、蚂蚁、蛾类等也是常见的传粉昆虫。植物常常靠搭配不同色彩图案，散发不同气味来吸引昆虫。然而仅仅只引起传粉者注意是不够的，它们还需要提供适当的"报酬"，花粉和花蜜就是提供给传粉者的劳动报酬。蜜蜂的口器、体毛和躯体上的其他附属物，特别是背和足最易沾上花粉，在采食花蜜和花粉的过程中，一些花粉会掉落到花蕊上，从而帮助虫媒花完成了传粉。

鸟类在植物传粉中也占用一席之地，由鸟类作为传粉媒介的现象叫鸟媒。全世界大约有两千种鸟起传粉作用，最重要的传粉鸟有蜂鸟、太阳鸟、啄花鸟、绣眼鸟、食蜜鸟和具刷状舌的鹦鹉。其中最小的传粉鸟是蜂鸟，顾名思义，这些鸟的体形像蜜蜂。在美洲的热带及亚热带地区，有600多种蜂鸟，其中最小的是闪绿蜂鸟，平均体长仅5.99厘米，尾及喙竟占4.06厘米。据统计，1只蜂鸟在6.5小时内可采访1 311朵花，它们飞翔于花丛中，双翅以每秒60次的速度快速扇动，这样可以使自己的身体像直升机一样悬在半空中，用细长的管状的鸟喙吸食花蜜，作为吸食花蜜的代价，就为该植物传了粉。

哺乳动物在植物的传粉中也扮演着重要的角色。蝙蝠是最常见的传粉哺乳动物。蝙蝠为夜行性，嗅觉敏感。蝙蝠传粉的植物多为夜花型，花色也不鲜艳，但能散发强烈霉味或具果实的味道以吸引蝙蝠。蝙蝠通过嗅觉访花，当它们舔花蜜或吃花粉时，花粉便附着在毛皮上，起到传粉的作用。除了蝙蝠外，一些不能飞行的哺乳动物如啮齿类、有袋类和灵长类都有传粉作用。

我们在这里所看到的传粉现象，仅仅是大自然神奇现象"冰山"的一角，更多、更奇特的自然现象尚待我们去研究发现。

《一粒种子的旅行》，安妮·默勒

水培甘薯

甘薯又称为山芋、红薯、地瓜、番薯等。到了冬季，小朋友都喜欢吃烤红薯，北方也称为烤地瓜，又香又甜，营养丰富。我们通常吃的部分是甘薯的块根。其实，甘薯的叶和嫩茎也可以食用，而且营养价值还很高。近年来，在欧美、香港和日本，越来越多的人开始食用甘薯的嫩叶尖儿，掀起一股"甘薯热"。据亚洲蔬菜研究中心的分析测试，甘薯的嫩叶（包括叶柄）含有丰富的蛋白质和维生素A、维生素B_2、维生素C，及铁、钙等，被誉为"蔬菜皇后"。我们在家里就可以种植地瓜，最简便的方法是水培。水培地瓜既可以观赏，又可以随时采摘嫩茎叶烹饪美味的菜肴，还可以和孩子一起观察地瓜是怎么生长的。

 材料（图2-13-1）：

甘薯

盘、瓶等

麦饭石、鹅卵石或陶粒

喷壶

 步骤：

1. 挑选甘薯　一般选在秋冬甘薯当令

图2-13-1　材料准备

的季节，可以在菜市场取得。选择生长健壮、外形美观、无机械伤害、无冻伤的块根。清洗干净备用。

2. 选择器皿　根据甘薯的大小和形状选择器皿，盘、钵、瓶均可，考虑整体造型美观，并能将甘薯摆放下即可。水培甘薯会生出洁白的水生根，如果想要观赏根系，用透明的玻璃器皿也是不错的选择。

3. 定植　块根横向或竖向摆放均可，但注意一定将有芽眼的部位朝上。

横向摆放时选用盘形器皿，如果甘薯底部不平，可以用鹅卵石或陶粒对块根进行固定，摆放固定好后，对着块根浇水，使其湿润，并保持盘中有少量存水；竖向摆放时选用瓶状器皿，根朝下，芽朝上，将块根基部浸入水中即可。

4.养护管理　温度保持15℃以上，1周左右即可生根发芽（图2-13-2）。保持光照充足，2周左右茎叶开始增多，变得繁茂。不需要经常换水，但如果发现水质变脏，可以将甘薯取出清洗根部及容器，清洗后需加水没过水培根系，否则根系会变黑。如果希望快速生长，保持阳光充足、温度20℃左右。10℃以下、阴暗处生长缓慢。经过一段时间生长，甘薯的茎叶会变长增多，可根据造型及时进行修剪，或采收嫩茎叶食用（图2-13-3）。

图2-13-2　种植后发芽

图2-13-3　甘薯嫩茎

1. 甘薯的来历是什么？

小朋友都非常喜欢吃薯片、薯条，你知道"薯"是指什么吗？薯（类）是指具有可供食用的块根或地下茎的一类的陆生作物。例如，用来制作薯片、薯条的马铃薯，就是平常说的土豆，就属于薯类作物。此外，还有甘薯、木薯、薯蓣（山药）、芋头、魔芋等其他薯类作物。这些薯类有些是我国原产的，如薯蓣、芋头等。而马铃薯和甘薯则来自国外。甘薯因地中生薯而其味甘，故名甘薯。在近代中国，由于长期天朝上国的文化认识，自信的中国人将外来物皆冠以番字称呼。因甘薯从外番传入，所以又名番薯。甘薯还被称为红薯、红苕、白薯、地瓜等，在我国不同地方有不同的名字。甘薯原产于中南美洲的墨西哥和哥伦比亚，它是怎么传入我国的呢？15世纪哥伦布发现新大陆后，返回时将番薯等新大陆土产献给西班牙女王，于是欧洲开始栽植番薯。其后由西班牙人传到亚洲的吕宋（今菲律宾）等地，葡萄牙人带到了马来半岛。甘薯传入我国则始于明代万历年间，主要有2个途径，其过程可谓惊险传奇。

一是福建长乐人陈振龙到吕宋经商，看到甘薯能当粮食吃，而且产量高，想起家乡福建经常闹灾荒，缺少粮食，就设法重金买下薯藤想带回国。但统治吕宋的西班牙政府严禁薯种出口，想公开将甘薯运回中国是不可能的。他便想了一个办法，把甘薯的藤蔓缠在一艘吕宋开往中国的轮船的缆绳上，又在藤蔓外面涂上泥巴，巧妙地躲过了当局的检查。轮船航行7天7夜，终于到达福建。此后，陈氏父子积极推广种植甘薯，帮百姓度过了灾荒之年。当地人民为了缅怀其功绩，建立先薯祠。

二是广东吴川人林怀蓝，医术高明，经常到交趾国（今越南）行医。因把守关将领的病都治好了，就被推荐给国王的女儿治病，结果妙手回春。国王非常高兴，赐给他煮熟的甘薯。林怀蓝却请求吃生的，他只吃了一小口，偷偷将生甘薯藏在衣服里，急忙赶回中国。但过关时被守关将领盘问，林就实话实说了，请求让他带回去。按照交趾国的法令，外运薯种将被处死。守关将领念其有救命之恩，就将他放走了，而自己自尽了。后人修建了甘薯林公庙，纪念林怀蓝。

关于甘薯如何传入中国还有其他说法，但各种流传下来的民间故事，虽然人物、时间、地点不同，但却都有一个共同点，即甘薯在传进中国的过程中，受到了外国官方的有意阻挠，是极个别中国人冒着生命危险将它引进中国，从而使后人受益不已的。甘薯的引进，为缓解当时国人的温饱作出了杰出的贡献，在我国农业发展史上有重要意义。

2. 地瓜秧为什么立不起来？

你可能没想到，地瓜和牵牛花同属一个科——旋花科，都是蔓性藤本植物。这类植物的茎枝容易伸长，地上部分不能直立生长，所以地瓜秧立不起来。但这类植物会用独特的办法向上攀爬，有的以茎本身旋转缠绕其他支持物生长，如紫藤、猕猴桃等；有的借助卷须等接触感应器官使茎蔓上升，如黄瓜、葡萄、丝瓜等；还有的借助吸盘向上生长，如爬山虎、常春藤等。

3. 甘薯水培的根为什么不会烂？

我们都知道一般植物浇水过多或排水不良，都会造成根系腐烂。可是水生植物或水培植物总泡在水里，它的根系为什么不会腐烂呢？原来水生植物的细胞间隙特别发达，经常还发育有特殊的通气组织，通气组织是植物薄壁组织内一些气室或空腔的集合，以保证在植株的水下部分能有足够的氧气。下次到菜市场可以买些藕回家观察一下其构造，藕是荷花的地下茎，将藕纵切后，就会看到很多孔洞，就是它的通气组织，空气从叶片的气孔进入后能通过茎和叶的通气组织，从而进入地下茎和根部的通气组织，整个通气组织通过气孔直接与外界的空气进行交流。其他一些植物（包括两栖类和陆生植物）在缺氧环境中也会分化产生通气组织或加速其发育，在水生环境下诱导生成的根系明显具有水生植物根系的特点，具有较高的根系活力和适应水生环境的通气组织，能够适应淹水的环境条件。水生诱导根系结构和功能上与旱生根已发生了很大的变化。水培甘薯很容易产生水生根系，因而植株才能在水培下长期正常生长发育。

延伸阅读：

幼儿：《我发现哥伦布了》，罗伯特·罗素

父母：《新大陆农作物的传播和意义》，张箭

父母及孩子：《哥伦布传》，莫里森

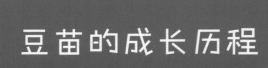

豆苗的成长历程

很多蔬菜、花卉都是从种植种子开始的。这些大小不同、形态各异的种子会长成各种各样的植物，种子蕴含的魔力是那么神奇，看着它们萌发、长大是一件非常有趣的事。

 材料（图2-14-1）：

自封袋（20厘米宽）
厨房用纸
彩色餐巾纸
订书机
水
20颗芸豆种子

图2-14-1 材料准备

 步骤：

1. 将厨房纸折叠成4层，彩色餐巾纸折叠成2层，将彩色餐巾纸放在厨房纸外层，纸的宽度同自封袋宽，高度10厘米，也可以用无纺布代替。

2. 把5颗订书钉排成一排均匀地订在自封袋上，大约订在纸巾上底边下3厘米处，需要订住自封袋和纸巾。

3. 把水灌入自封袋中，使纸巾完全湿润，倒出多余的水分。

4. 在最后一颗订书钉上放一粒种子，密封塑料袋，每隔2天，就将一颗种子放入自封袋中，依次向前放，注意保持纸巾湿润。把自封袋放在温暖的地方（20～25℃），种子会一个接一个地发芽，就可以同时看到种子萌发全过程的各个阶段了（图2-14-2）。

 边做边聊：

1.观察芸豆种子的结构

取1粒浸软的芸豆种子，观察它的外形（此时，如果家里有其他种子，如花生、玉米、大豆、芝麻等，可以拿出来一块比较一下种子的大小和形态），指出种子的种皮和种脐。芸豆的种子外形似肾，外有种皮包裹，种皮是种子外面的保护结构，内侧凹陷处的结构就是种脐，它是种子连接果实的部位。大家下次再吃芸豆时，可以和孩子一起剥开一个豆角，就可以看到种子在豆荚里的排列情况和连接部位了。再仔细观察，会

图2-14-2　芸豆种子萌发过程

发现在种脐的一端有一个不易看到的小孔，这个结构称为种孔，是种子萌发时吸水的地方，轻轻挤捏一下吸水后的种子的种脐处，可以看到有水滴从这一小孔中流出。然后用镊子剥离菜豆种子的种皮，就能看到2片大大的子叶了，分开2片合拢的子叶，观察子叶、胚芽、胚轴和胚根的形态和位置。

被子植物的种子虽然在大小、形状和颜色等方面存在差异，但其基本结构是一致的，成熟的种子包括胚、胚乳和种皮，但有些植物的种子成熟时不具胚乳（营养物质转入到子叶中）。因此，根据成熟种子内胚乳有无分为有胚乳种子和无胚乳种子两大类型；根据子叶数的不同而分为单子叶植物种子和双子叶植物种子。所有，被子植物的种子分为：双子叶植物无胚乳种子，如菜豆；双子叶植物有胚乳种子，如蓖麻；单子叶植物无胚乳种子，如慈姑；单子叶植物有胚乳种子，如玉米。

2.观察种子的萌发过程

观察记录种子萌发过程中的生长变化。观察种子萌发的各个阶段：种皮破裂；胚根伸出；胚根向下生长，并长出根毛；胚轴向上伸直延长，牵引子叶脱开种皮而出；子叶张开，胚芽长大；胚轴继续伸长，二片真叶张开。萌发后每天测量一次种子根的长度和植株高度，叶的形状和数量，写生长日记，并画图或拍照。

延伸阅读：

《种子的故事》，乔纳森·西尔弗顿

胡萝卜小兔子

利用生活中的废弃物制作手工是培养儿童动手能力和环保意识的好方法。胡萝卜小兔子的制作是将园艺种植和手工结合起来，增加了种植的趣味性，会让儿童有一种耳目一新的感觉，孩子会更积极参与观察植物的生长。

 材料：

剪刀
绿色、黄色、粉色等彩纸
卫生纸卷筒
胶水
黑色的笔
酸奶盒
胡萝卜（图2-15-1）

图2-15-1 胡萝卜

 步骤：

1. 在纸筒白色处画上小兔子的眼睛、鼻子和胡子，孩子可以画任意自己喜欢的表情啊（图2-15-2）！剪裁白色的纸，使之与卫生纸卷筒等高，将白色的纸一端用胶水粘在卫生纸卷筒上，然后将纸筒包起来，再用胶水固定好。

2. 用彩纸剪出4条小兔子的腿，用胶水粘在纸筒两侧。

3. 酸奶盒放在卫生纸筒上，

图2-15-2 小兔子表情

如果放不进去，可以将纸筒垂直剪开套在酸奶盒上即可。

4. 切下（小孩子需要成年人帮助）胡萝卜的顶端（2.5～3厘米）（图2-15-3），把这段胡萝卜放在酸奶盒中，加水，直至没过胡萝卜，将其放在温暖、阳光充足的地方让其发芽，很快就可以看到小兔子的耳朵长长啦（图2-15-4）！

图2-15-3　胡萝卜顶端

图2-15-4　胡萝卜萌发

 边做边聊：

1. 我们吃的胡萝卜是植物的哪一部分？

我们吃的胡萝卜是植物的根，但是一种变态的根。一些植物为了适应生存环境，形成了许多奇形怪状的变态根[详见认知篇被子植物的植物体组成器官及其作用（根）]。

2. 胡萝卜史话

胡萝卜学名为 *Daucus carota* L.var.*sativa* DC.，别名红萝卜、黄萝卜、丁香萝卜、黄根等，是伞形科胡萝卜属二年生草本植物。现代胡萝卜肉质根中含有 α 胡萝卜素和 β 胡萝卜素、叶黄素、番茄红素等，是人类主要的维生素A的来源。但是，胡萝卜的原始祖先不是黄橙色，而是含有花青素的紫色胡萝卜。阿富汗地区为栽培胡萝卜的起源中心，栽培历史在 2 000 年以上，至今在近东地区仍种植紫色品种。10 世纪，胡萝卜从伊朗传入欧洲大陆，驯化发展成短圆锥状橘黄色欧洲生态型。15 世纪英国已有栽培，并逐渐成为欧洲人饮食中不可缺少的食物。17 世纪初叶，黄橙色胡萝卜品种发展迅速，最后停止了紫色品种的生产。大约在同一时期，胡萝卜也传入了日本和北美洲。

历史上，胡萝卜曾多次引入我国。汉武帝时，张骞出使西域打通了丝绸之路，其后紫色胡萝卜首先传入我国。但那时胡萝卜根细、质劣，有一股特殊气味，加之所具有的医药和食用功能尚未被人认知，所以在相当长的时间内未能引起人们的注意。宋、元年间，胡萝卜再次沿着丝绸之路传入中国，其后在北方逐渐选育形成了黄、红两种颜色的中国长根生态型胡萝卜。元朝时期因受中亚地区饮食文化的影响，我国对胡萝卜有了较为深入的认识，胡萝卜的品质和功能逐渐引起世人的关注。

3.切掉了胡萝卜大部分的胡萝卜头为什么还能继续生长?

植物的生长发育并不是以一个稳定的速率进行，而是随着季节和昼夜的变化呈现明显的周期性。植物从生到死的生长发育全过程称为生命周期。不同植物的生命周期长短不同，分为有一年生植物、二年生植物和多年生植物。一年生植物是指当年播种，当年开花、结实、死亡，完成整个生命周期，如大豆、苋菜、鸡冠花等；二年生植物是指当年播种只进行营养生长，以苗期越冬，第二年春季才进行生殖生长，开花、结实、死亡，完成整个生命周期，如大白菜、胡萝卜、萝卜、芹菜等；多年生植物是指个体寿命超过2年以上的植物，木本植物都是多年生的，还有一些草本植物也是多年生的，有常绿和落叶两种类型，如玉兰、茶花等为常绿树，君子兰、非洲菊等为常绿宿根花卉，杨树、柳树、牡丹等为落叶树，芍药、荷包牡丹等为落叶宿根花卉。

胡萝卜是二年生植物，我们吃的胡萝卜虽然肉质根很粗大，但其实它还是处于营养生长期。切掉的胡萝卜头上有芽，下面有肉质的根，因此会继续生长。如果有耐心，可以将长长的小兔子耳朵种在花盆里或花园里，它们还会开花结籽呢。此外，大萝卜、大白菜、芹菜的根部都可以进行水培，冬季在吃这些蔬菜的时候，不妨留下下脚料做个盆栽，可以看到白菜花、萝卜花，孩子一定非常感兴趣。

延伸阅读：

《Carrot Seed》，Ruth Krauss

《胡萝卜怪》，阿伦·雷诺兹

樱桃萝卜种植

　　樱桃萝卜是一种小型萝卜，是从日本引进的一种新型蔬菜，相比其他我们熟悉的白萝卜、红萝卜、青萝卜等，少了辛辣味儿，而且爽脆可口，更像一种水果。樱桃萝卜含较高的水分，维生素C的含量是番茄的3～4倍，还含有较高的矿物质元素、芥子油、木质素等多种成分。萝卜有通气宽胸、健胃消食、止咳化痰、除燥生津、解毒散淤、止泄、利尿等功效，因而生食有促进肠胃蠕动、增进食欲、助消化的作用。另外，萝卜生吃可防癌，主要是萝卜中的木质素及一种含硫的硫代化合物所起的作用。

　　樱桃萝卜适应性强，具有较强的抗寒性，但不耐热，生长的适宜温度为5～20℃，当环境温度超过25℃时，则表现出生长不良。生育期短，一年四季皆可种植，非常适合家庭种植。樱桃萝卜主根深15～25厘米，肉质根呈圆形或椭圆形，颜色有红、白和上红下白3种，肉色多白色。

 材料：

　　樱桃萝卜种子

　　各种花盆、塑料箱、栽培槽均可（大小容积不限，深度以15～25厘米为宜）

　　可以购买蔬菜专用培养土，也可以自己配置（将6份园土加2份草炭，再加1份有机肥，均匀混合）

　　喷壶

　　镊子

 步骤：

　　1.准备培养土　樱桃萝卜对土壤的适应性较强，但以土质疏松肥沃、排水良好、保水保肥的沙质壤土为最佳。将培养土填满容器，留出1～2厘米边沿以便浇水。

2. **播种**　按株行距5厘米×5厘米进行点播，也就是行与行之间的距离是5厘米，株与株之间的距离也是5厘米，用镊子夹住种子埋入培养土中。也可以进行撒播，将种子均匀撒于栽培容器的培养土上，再覆盖一层培养土。播种的深度为1厘米。播种后用细孔喷壶浇透水，覆盖塑料膜保湿，放在阴凉处。种子发芽的适宜温度为10～20℃。出苗之前保持土壤湿润，2～3天即可出苗（图2-16-1）。

3. **出苗后管理**　出苗后马上除去塑料膜，放在阳光充足的地方。撒播的种子后期需要间苗，当子叶展开时就应进行第一次间苗，留下子叶正常、生长健壮的苗，其余的苗间掉；当真叶长到3～4片之前进行定苗（图2-16-2）。定苗时的株距应掌握在5厘米左右。萝卜苗可以随间随吃，非常新鲜。此后，樱桃萝卜的根部一点点膨大。

图2-16-2　定苗

图2-16-1　樱桃萝卜种子萌发

樱桃萝卜喜光，光照不足导致叶柄变长，叶色浅，下部的叶片黄化脱落，长势弱，肉质根不易膨大。在生长期间要特别注意保持土壤湿润，晴热夏天应每天浇水，并注意浇水要均衡，不可过干或过湿。若水分不足，会使其肉质根的须根增加，导致外皮粗糙、味辣、空心等现象。由于其生长期较短，在生长期间基本上无需再追肥。

4.采收　樱桃萝卜从播种到收获一般要25～30天，但不同的栽培季节和栽培方式收获的具体时间亦不同。要做到适时收获，当肉质根美观鲜艳、根部膨胀外露的情形逐渐明显时，直径达到2厘米时就随时都能采收了（图2-16-3）。采收时间不宜过迟，过迟纤维量增多，易产生裂根、空心。

5.食用方法　樱桃萝卜不仅品质细嫩、清爽可口，而且有较高的营养价值。可生食、凉拌，还可配菜、炒食和腌渍。吃萝卜的同时，可千万别随手扔掉萝卜缨，它的营养价值在很多方面高于根，食用方法与根基本相同，可以切碎和肉末一同炒食，还可做汤食用。

图2-16-3　收获

边做边聊：

我们吃的萝卜是植物的哪一部分？
详见认知篇·被子植物的植物体组成器官及其作用（根）。

延伸阅读：

《萝卜回来了》，方轶群

水培蒜苗

即便没有花园和大阳台，我们也能享受园艺带来的乐趣。种一盆蒜苗，既可以食用，又可以观赏，而且只要一个小小的空间就足够了，可以在窗台、茶几、厨房、餐桌等任何地方。家长不仅能和孩子一起观察蒜苗的生长过程，还能不断收获最新鲜的食材。把美味的食物和园艺结合起来，真是其乐无穷。

 材料：

2个平底浅口容器（大小可根据种植蒜瓣的多少进行选择。如果以观赏为主，可用水仙盆和盆景盆等。如果想观察根部的生长，可以用矿泉水瓶之类的透明容器）

大蒜（最好选用大瓣白皮蒜品种，不宜选用紫皮蒜品种，因为紫皮蒜辛辣味大，生长出的蒜苗辛辣味也大，食用时品质不佳）

细铁丝

直尺

 步骤：

1. **剥蒜衣**　把蒜瓣掰开，在清水中浸泡几个小时，它的外衣就很好剥了。

2. **摆放蒜瓣**　将剥皮的蒜瓣整齐摆放在盆中，使蒜的大头（茎盘）朝下，先把个头大的颗粒由外向内摆放好（图2-17-1），再把小个的插入空隙（图2-17-2）。如果盘较大，不好固定，可将蒜瓣用细铁丝串起来，再在盘内一圈一圈地围起来，码平。如果想观察大蒜根的生长，可以将大一点儿的蒜瓣放在矿泉

图2-17-1　摆放蒜瓣

水瓶口，加满水即可。

3.**加水**　在盘内加上清水，大约到半个蒜瓣位置，使茎盘都能被水淹没为度，然后放在温暖的地方（9～23℃）培养。一般情况下，第二天嫩芽和根就会长出来[图2-17-3（1）、2-17-3（2）]。其中一盘放在能晒到太阳的地方，所生长的蒜苗为青绿色；另一盘放在盒子里（图2-17-4），或在蒜苗盘上加套一纸筒遮住光，长出来的蒜苗为黄白色，也称为蒜黄。

图2-17-2　摆放蒜瓣

4.**后期管理**　大蒜瓣内贮存着大量营养物质，供幼苗生长发育之用。因此，在培养期间，只要每天加水，保持水层勿使干涸，就能满足其生长需要。

5.**观察记录**　每天观察蒜苗的生长情况，测量蒜苗的高度。

图2-17-3(1)　蒜瓣发芽生根

6.**收割**　栽后25～30天即可收割头茬蒜苗（图2-17-5），美美地吃一顿了。注意割第一刀时，留茬高一些，一般不低于2厘米，这样有利于蒜苗继续生长，以后还可以割第二茬、第三茬。

图2-17-3（2）　蒜瓣发芽生根

图2-17-4　放在盒子里避光栽培蒜黄

图2-17-5　收获

 边做边聊：

1.猜谜语，了解大蒜的形态结构

和孩子一起剥蒜衣的时候，可以先出个谜语。

"弟兄七八个，围着柱子坐，只要一分开，衣服就扯破。"（打一植物）

如果孩子已经猜出来了，说明他对大蒜的形态结构有点认识了。让我们边剥边仔细观察一下大蒜的结构。首先，大蒜外面有几层皮膜包裹，你会发现它们对里面的蒜瓣具有很好的保护作用，还能防止蒜瓣的水分散失。剥开皮膜就会看到，一个蒜头是由数枚蒜瓣组成的，一般4～8枚，最少的是独头蒜，只有一枚。可以和孩子一起数一数，小孩子可以练习数数，大孩子还可以比较不同蒜头是否有差异，学会比较和分析总结。接下来把蒜瓣分开，每个蒜瓣都是由革质的覆盖鳞片、肉质鳞片（白色部分，是食用的主要部位）、芽和鳞茎盘组成。鳞茎盘上着生着根，基部还带有一部分木栓化的死组织称为"盘踵"。蒜瓣水培几天后就可以看到芽萌发出来了，长大以后就是我们吃的蒜苗。如果这些蒜瓣种植在土壤中，蒜苗继续生长发育就会抽出花茎，也就是我们吃的蒜薹。其实，蒜瓣围绕着的柱子就是干枯的花茎。现在再看着一头一头的大蒜，会不会觉得植物真的很神奇？

值得注意的是，家长在和孩子聊天时，要准确运用以上这些和大蒜相关的名词术语，不要认为孩子接受不了。事实上，孩子的接受能力很强，多接触一些名词术语不仅会扩大孩子的词汇量和知识面，还能养成孩子准确使用语言的意识和习惯，对其语言的发展具有良好的作用。可以毫不夸张地说，在现代社会里，使用语言的能力很大程度上能够决定一个人的发展潜力。

2. 张骞和大蒜

我国栽培大蒜的历史有2 000多年，但大蒜并不是中国原产的，而是张骞出使西域时带回来的，因为当时把西域称为胡，所以大蒜又称为胡蒜、葫。中国的栽培植物中，很多都是从国外引种的，据说，葡萄、核桃、蚕豆、黄瓜、胡麻、石榴、红花、苜蓿、芫荽也都是张骞从西域带回来的。

西汉时期，人们把今甘肃玉门关、阳关以西的我国新疆、中亚细亚以及更远的地方统称为西域。张骞先后两次奉汉武帝派遣，以朝廷使节的身份出使西域的一些国家和地区，史称"张骞凿空"，成为人类文明发展史上一件划时代的大事。西汉时期，在张骞出使的道路上，有阿尔金山、天山和昆仑山三条大山脉横亘东西，中央夹着塔克拉玛干大沙漠，高山峻岭，江河湖泊，草原沙漠，地理形势非常复杂。一路上经常风沙弥漫，不见天日。张骞以英勇无畏的精神，知难而进，勇往直前，战胜了种种自然的和人为的艰险，终于出色地完成了出使西域的使命，创造了我国古代探险史上的奇迹。

在东西方古代文明相互传播的发生时期，交通路线是联结东西方文明的渠道和纽带，具有特别重要的意义。中国古代从长安到西域的道路，因为有塔克拉玛干大漠阻隔，很自然地沿着大漠的南北两边行走。据《汉书·西域传》记载，北道的路线是自玉门关和阳关以西，大体经今新疆中部天山山脉和塔里木河之间的通道西行，在疏勒（今喀什市）以西越过葱岭，通往中亚的大宛和康居等地；南道的路线是从玉门关和阳关以西，大体经今新疆南部塔里木河和阿尔金山脉、昆仑山脉之间的通道西行，在莎车（今莎车县）以西越过葱岭，通往大月氏、安息等地。这是古代从长安到西域的两条主要的路线，也是中西通道的关键一段。沿着这两条路线西行会于木鹿城（今马里）后，再向西经和犊城（今里海东南达姆甘附近），阿蛮（今哈马丹）、斯宾（今巴格达东南）等地就可到达地中海东岸，转抵罗马等国。这条横贯东西的道路就是后来人们熟知的"丝绸之路"。它在中国古代和中世纪一直是东西方文明相互传播的主要通道。张骞是我国古代穿行这条道路的关键一段的第一个人，对疏通东西方文明相互联系的渠道有着不可忽视的意义，对于加强我国中原地区和新疆地区的友好往来，形成统一的多民族的国家，对于促进中国和中亚乃至地中海沿岸各国的经济文化联系，发展人类的文明事业，都有其不可磨灭的历史贡献。

　　3. 为什么在盒子里（无光的条件下）长出来的是黄色的蒜苗——蒜黄？

　　当孩子看到在不同的光照条件下长出来的蒜苗一个是绿色，一个是黄色，肯定会好奇地问为什么。我们都知道，植物体之所以是绿色，是因为含有叶绿素。而光是影响叶绿素形成的一个主要条件，没有光则无法合成叶绿素。放在盒子里的蒜苗处在黑暗条件下，不能合成叶绿素，只能长成黄化苗。我们吃的韭黄、白芦笋都是利用这个道理培育出来的。但要注意，植物不能长期处于无光条件下，因为需要利用光合作用制造营养。蒜黄是依靠蒜瓣内贮藏的养分生长的，所以不需要利用光合作用制造营养。但蒜瓣的营养是有限的，如果你仔细观察会发现，蒜苗收获1～2次后，大蒜瓣就会变软或空了，说明营养消耗差不多了，而且，第二次的蒜苗明显比第一次的矮和细。

 延伸阅读：

　　《丝路传奇——张骞》，王占黑，肖楚杰

萝卜芽苗菜种植

用种子培育的芽苗菜适合家庭种植，由于芽苗菜利用的是种子中贮藏的养分，因而不需要施肥，只需在适宜的温度环境下，保证其水分供应，便可长出芽苗。芽苗菜的生育期较短，一般7～10天，很少感染病虫害，不必施用农药，因而芽苗菜非常卫生、安全，而且营养价值较高。最重要的是可以自己亲手种植，一年四季均可，随时采收，随时食用，既新鲜，又有趣，可以和孩子一起尝试各种不同的芽菜种植。

 材料：

1.萝卜种子　可以在网上或当地种子店购买，选取颗粒饱满、无损伤、发芽率高的当年生产的种子。

2.种植架　使用一般的塑料架子即可，或者使用废弃的泡沫箱。如果没有架子，放在桌子、凳子等闲置物品上也可以。

3.育苗盘　洗菜筐、塑料餐盒、泡沫塑料盒等都可以，底部没有筛眼的，要钻一些漏水孔，一定要清洗干净、无油污。

4.保湿材料　餐巾纸、厨房纸、包装纸都可以，也可以用纱布、无纺布等吸水透气的材料，但一定要干净、无油污。

5.喷水壶

6.覆盖物　毛巾或塑料薄膜＋报纸。

7.浸种容器　普通的碗、盘均可。

步骤：

1.**挑选种子**　将种子放在水里，沉底的是饱满的种子，留下；浮在水面上的是瘪种子，剔除。

2. **种子消毒浸泡**　将种子放入50～55℃的温水浸泡15分钟消毒，浸泡过程中快速搅动。再继续在常温水中浸泡3小时，使种子充分吸水，浸种水量为种子体积的2～3倍。

3. **催芽**　种子吸足水后捞出，用纱布包好，在20～25℃温度下催芽，当有50%种子露白时即可播种。

4. **播种**　在育苗盘内铺上4层餐巾纸或厨房纸、包装纸，也可以铺2层纱布或无纺布，用喷壶喷湿润。然后将催好芽的种子撒播于育苗盘内，使种子形成均匀的一层，不要有堆积现象（图2-18-1）。播好后，在种子上面盖上一层无纺布，然后再在育苗盘上覆盖毛巾，目的是遮光保湿。也可以用保鲜膜覆盖后，再加盖几层报纸遮光。将育苗盘放在种植架上或桌子上。保持温度25℃左右。

5. **播种后管理**　播种后初期，每天浇1次水。当芽长1～1.5厘米，根扎入底层无纺布时，将盖在种子表面的无纺布揭除。幼苗长到4～5厘米时，每天浇2～3次水。芽长10～12厘米时，将遮光物除去，让其见光生长。高13～15厘米时，子叶平展，真叶尚未出时，连根拔起收获（图2-18-2）。萝卜苗做汤、凉拌均可（图2-18-3）。

图2-18-1　播种

图2-18-3　凉拌水萝卜苗

图2-18-2　水萝卜苗

边做边聊：

什么是芽苗菜？常见的芽苗菜都有哪些种类？

芽苗菜是指利用植物种子或其他营养体（根、根茎、枝条等），在一定条件下培育出的可供食用的嫩芽、芽苗、芽球、幼梢或幼茎等芽苗类蔬菜。芽苗菜在我国有着悠久的栽培和食用历史，其中豆芽菜是南北各地传统的重要蔬菜，有关豆芽的最早记载见于秦汉时期的《神农本草经》，豆芽与豆腐、豆浆和豆酱并称我国在食品史上的四大发明。

芽菜的种类十分丰富，目前主要有各类豆芽（黄豆、绿豆、赤豆、黑豆、豌豆、蚕豆、青豆等）、花生、麦子、香椿、荞麦、萝卜、蕹菜、芥菜、苜蓿、紫苏、菊花脑、枸杞头、辣椒尖、佛手瓜尖、豌豆尖、茴香苗、苦苣苗、松柳苗、蒲公英苗、花椒芽、葵花籽芽苗、紫背天葵芽苗等30多个种类。

延伸阅读：

《安的种子》，王早早

多肉蛋壳盆栽

鸡蛋是每个家庭都经常食用的食材，鸡蛋吃完，蛋壳随手就丢弃了，但你可能没有想过用鸡蛋壳种植可爱的多肉植物。其实，生活中很多容器都可以用来做植物的创意栽培，不仅可以废物利用，培养孩子的环保意识，而且可以激发孩子的想象力，提高孩子审美能力。

 材料：

生鸡蛋和蛋盒

多肉栽培基质

体型小的多肉植物（现在可以用叶片扦插的小苗啦！）

马克笔

镊子

喷壶

 步骤：

1.准备鸡蛋壳　每次吃鸡蛋的时候，先将生鸡蛋的一端用尖一点儿的硬物磕破，然后去掉一小块蛋壳，再把鸡蛋的蛋清和蛋黄都倒出来，如果不好倒，可以用一根筷子将蛋清和蛋黄搅散就很容易倒出来了，或者将鸡蛋猛烈摇动几次，然后再掰掉顶端的一部分蛋壳，使蛋壳的开口足够大，便于栽种。最后用清水把蛋壳内外冲洗干净，晾干，备用。经过一段时间就可以积攒一大堆鸡蛋壳了（图2-19-1）。

2.装饰蛋壳　用马克笔在蛋壳上画上各种表情或孩子喜欢的图案，装饰一下蛋壳（图2-19-2）。

3.栽植　在蛋壳内加入2/3基质（图2-19-3），用镊子将多肉栽入蛋壳中（图2-19-4、图2-19-5），再填满基质，喷水。栽好后的蛋壳盆栽放在蛋盒中，一排排的，萌萌的非常可爱！

4.管理　由于蛋壳下面没有排水孔，每次浇水达到湿润即可，待基质完全干透后再浇下一次水，切忌连续浇水。

图2-19-1　材料准备　　　　　　图2-19-2　装饰蛋壳

图2-19-3　填充基质　　　　　图2-19-4　蛋壳多肉盆栽

图2-19-5　蛋壳多肉盆栽

1. 鸡蛋能立起来吗?

在准备鸡蛋壳的时候,家长可以和孩子玩玩立蛋的游戏。中国自古就有"春分立蛋"的传统,"春分到、蛋儿俏"的说法一直流传至今。春分是二十四节气的第四个节气,此时太阳直射赤道,昼夜平分,传说春分这天最容易把鸡蛋立起来。据说,每年春分这天,世界各地都会有数以千万计的人玩"竖蛋",在中国流传4 000多年的民间习俗渐已成"世界游戏"。

其实蛋能不能立起来和春分并没有关系,鸡蛋可以在一年中的任何一天竖立起来。使鸡蛋竖立起来的原因是地球引力,但立起鸡蛋的重心必须低于蛋中部最大周长的曲线位置。因此,需要拿蛋的手一动不动,尽量让比重大的蛋黄往下沉落。此外,蛋壳表面并不光滑,只要耐心找到适当的3个表面颗粒,就能像底盘一样让整个蛋竖起来。如果想快速将鸡蛋立起来,还可以先将鸡蛋猛烈摇动几次。这样,蛋黄就会散溢到蛋白部分。接着,把蛋放在桌子上竖直扶住。由于蛋黄比蛋白重,蛋黄向下移动,造成鸡蛋的重心降低,稳定性增加。此时慢慢地把手放开,生蛋就可以竖立了。

2. 和孩子讨论一下,家里平时还有哪些废弃物可以做植物栽培的容器。

延伸阅读:

《鸡蛋哥哥》, 秋山匡
《谁偷了鸡蛋》, 扎比内·利潘

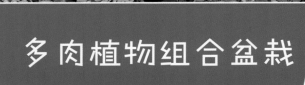

多肉植物组合盆栽

传统的盆栽只种单一的一种植物。组合盆栽是通过艺术配置的手法将几种不同的花卉种植在同一容器中。在做这项活动时，从选择植物和容器开始，就要引导和启发孩子进行观察和思考，什么样是美的，怎么设计搭配才更美。尽量让孩子自己挑选花盆和植物材料，自己设计和构思。此项活动最大的意义在于培养孩子的想象力和审美意识，逐渐提高其感性素质。因为，一个人想要获得一生的幸福，不仅需要拥有获得幸福的生活条件，还要拥有体验幸福感受的能力与素质，因而培养感性素质非常重要。

材料：

花盆[准备一个开口比较大点的花盆。陶盆的透气性好，适宜栽植多肉植物。还可以选择其他生活中废弃的东西作为花器，如鞋子、杯子、碗、帽子等]

多肉植物[选择大小适中、姿态优美、颜色协调的几种多肉植物（图2-20-1）]

筒形铲子

喷壶

镊子

图2-20-1　材料准备

多肉种植基质[可以购买配置好的多肉植物种植基质，也可以自己配置，草炭和沙子（3：1）均匀混合]

火山石

步骤：

1.用筒形铲子在容器底部加大约1/3厚的火山石，作为排水透气层。如果容器比较深，还要适当加厚一些，保证底部透气，避免烂根。

2. 继续用筒形铲子加入多肉植物种植基质，加至容器的1/2处。

3. 将多肉植物从原盆中脱出，适当修剪根部，将过长、老化的根剪掉。

4. 将修剪好的植物按照自己设计的想法依次摆插入盆中，感觉一下搭配组合的效果（图2-20-2）。如果不满意，再进行调整，直至达到最佳效果。

5. 作品完成后，在基质表面铺装一些火山石进行装饰用。然后，不要急于浇水，先在无阳光暴晒的地方处放置2天后再浇水（图2-20-3、图2-20-4）。

图2-20-2　多肉组合盆栽

图2-20-4　多肉组合盆栽

图2-20-3　多肉组合盆栽

 边做边聊：

怎样组合才美？

制作多肉植物组合盆栽时，讲究色彩和结构的搭配。多肉植物色彩丰富，有白、蓝白、粉、粉红、红、黄、橘黄、紫红、黑、绿、深绿等颜色，而且还会随着季节和环境条件的变化而改变颜色。常用的配色方式有渐变色、对比色和类似色。渐变色和类似色较易掌握，容易形成统一感，再利用叶色浓淡变化和叶形不同即可打造出缤纷感。当然，也可以让孩子大胆尝试一下对比色，体会不同色彩搭配呈现的不同效果。结构上，利用多肉植物本身不同的高度和大小打造具有韵律感的盆栽。栽种时，高植株在后，矮植株在前，株高中等的植物放在二者之间，这样就可以形成高低错落的跃动感。将枝条下垂的品种种植在花盆前，还能使植物和容器浑然一体。四面观赏时，可以采用中间高、四周低，中间大、四周小，或利用色彩的轻重感进行组群搭配，重要的是使盆栽获得平衡感。

 延伸阅读：

《微花园：黑田健太郎的365日多肉混搭》，黑田健太郎

水萝卜苗脑袋瓜

吃鸡蛋时，记得让妈妈留着鸡蛋壳，我们可以做水萝卜脑袋瓜，非常容易又有趣，孩子会乐此不疲，只要吃鸡蛋就可以做，年复一年，孩子会设计出各种表情的小脑袋，你不但会收获各种表情，还能收获水萝卜苗，和孩子一起制作沙拉，孩子一定会胃口大开的。

 材料：

水萝卜种子（其他容易找到的，易萌发的，还可以食用的种子均可，如豌豆、大白菜等）

蛋壳

彩笔

鸡蛋盒

水

脱脂棉

步骤：

1. 准备蛋壳　小心打取蛋壳，尽量保留完整的蛋壳（如何能尽量保留完整蛋壳，方法见多肉蛋壳盆栽），数量不限，吃鸡蛋时攒着就好了。

将蛋壳里的蛋液清洗干净、晾干。放在鸡蛋盒上备用。

2. 在蛋壳上画表情　鼓励孩子发挥想象，用彩笔在蛋壳上画各种表情，在这个过程中大家一定会笑破肚皮。

3. 播种　在蛋壳底部填充上棉球（图2-21-1），撒上水萝卜种子，喷水，然后将蛋壳摆在鸡蛋盒上，再放在温暖、阳光充足的地方，很快种子就会萌发了（图2-21-2）。

4. 制作水萝卜苗沙拉　1周以后，就可以收割水萝卜做沙拉了。将萝卜苗从基部割下来，清洗干净，加入适量白糖和醋即可。

图2-21-1　填充棉球和种子

图2-21-2　种子萌发

 边做边聊：

1．数一数

孩子可以数蛋壳、数种子，数萌发的小苗等。

2．认识颜色

通过挑选不同颜色的彩笔，认识颜色。

3．水对种子萌发的作用

和未喷水的干种子比较，喷了水的种子陆续萌发，而干种子不萌发，引导孩子发现水对种子萌发的作用，培养孩子观察能力和分析能力。

延伸阅读：

《如果你有一颗种子》，艾莉·麦凯

　　和孩子一起做园艺，除了进行各种有趣的种植以外，还可以做一些小手工为你的花园（花盆）增添创意。无论是在花园（花盆）里插上一些手工制作的植物标签，还是用卵石制作的昆虫进行装饰，或是用自制的喷水器、手工花盆种植植物，都会为园艺活动增添无穷的乐趣，也会大大提高孩子做园艺的兴趣。

　　园艺主题的手工制作不但是一项孩子非常喜欢的活动，而且是对儿童进行美育和创新能力培养的有效手段，对孩子的成长有诸多益处：

　　锻炼孩子的动手能力，提高手眼协调能力，培养专注力。在孩子独立完成一件手工制品的过程中需要不断运用这几方面的能力，这些能力的不断提高对孩子的未来大有益处。

　　锻炼孩子的毅力，增强自信心和自尊心。当孩子制作一件手工时，每一步都在他们在控制之中，如果能坚持做完，就是一种有毅力的表现，使其获得一种成就感，增强他们的自信心和自尊心。

　　培养想象力和创造力。制作手工为孩子们创造新事物提供了一个平台，在制作过程中他们以不同的方式进行思考，促进了想象力和创造力的发挥，解决问题将会使他们越来越爱动脑筋，变得更加足智多谋。

　　增进亲子关系，培养合作精神和社交能力。当父母和孩子一起参与手工项目时，有助于加强彼此交流，增强亲子关系，创造一生的美好记忆。与小伙伴一起做手工，使孩子学会和其他人共同合作、融洽相处。

　　做手工的好处可以延伸到生活的各个领域，使孩子们更好地准备面对生活给他们带来的挑战。家长们也要动起来，与孩子多多交流，适时地鼓励和赞美。想一想，还有什么比在你的花园（花盆）里展示孩子的作品更甜蜜的呢？是不是等不及了？那就让我们开始各种有趣的手工制作吧！

手工篇

卵石甲虫

鹅卵石是地球表面的岩石经过自然风化、水流冲击和摩擦所形成的卵形或接近卵形的石块，去野外或海边游玩时，不妨捡回一些鹅卵石，既有纪念意义，还可以用来制作卵石画。用鹅卵石制作一些石头甲虫放在花园里或花盆里，不仅能培养孩子发现美和表现美的能力，还能增加很多乐趣，让孩子更喜欢接触植物。你可以在书上或网上发现很多甲虫的图片，也可以尽情地发挥想象，随心所欲地设计甲虫的样子（图3-1-1）。

图3-1-1 卵石甲虫

材料（图3-1-2）：

鹅卵石（如果没有鹅卵石，也可以用矿泉水瓶盖代替）

丙烯颜料

刷子

棉签

牙签

图3-1-2 材料准备

步骤：

1. 清洗、干燥鹅卵石。

2. 挑选自己喜好的颜色，将鹅卵石整个涂上一种颜色，红色、黄色、绿色、蓝色等都可以，然后晾干。

3. 在卵石的一端涂上黑色作甲虫的头部，用刷子把的端部蘸黑色颜料在其余彩色部分点一些小点，装饰甲虫的身体，再完全晾干（图3-1-3）。

4.用棉签蘸白色颜料在头部点2只眼睛，然后完全晾干（图3-1-4）。

5.将牙签钝的一头或将尖部剪掉，再蘸黑色颜料在白色的眼睛上点2个黑眼珠（图3-1-5），然后完全晾干（图3-1-6）。

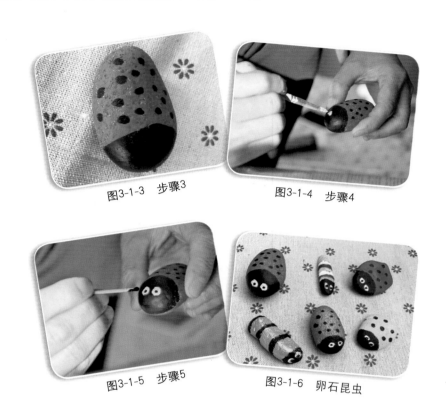

图3-1-3　步骤3　　　　　　　　　图3-1-4　步骤4

图3-1-5　步骤5　　　　　　　　　图3-1-6　卵石昆虫

 边做边聊：

1.认识昆虫

昆虫是所有生物中种类及数量最多的一群，是世界上最繁盛的动物，已发现的昆虫有100多万种，占整个动物界已知种类的3/4。昆虫种类繁多，外形千差万别，但它们的基本结构都是一样的。昆虫的体躯分为明显的3段，即头部、胸部和腹部；头部有口器和1对触角，还有2个复眼；胸部有3对足，一般还有2对翅（图3-1-7）。昆虫的构造不同于脊椎动物，它们的身体并没有内骨骼的支持，而是有一个相当坚硬的躯壳，构成外骨骼系统，这层壳会分节以利于运动，就好像骑士的甲胄。想一想，身边都有哪些昆虫？

2.昆虫与人类的关系

作为生物世界中最庞大的家族，昆虫与人类的关系密切而复杂。昆虫对人类有利的方面数不胜数，很多植物都依赖昆虫传粉；捕食性昆虫和寄生性昆虫可以杀死农林害虫，保护作物的安全，例如螳螂（图3-1-8）；蜜蜂采集的蜂蜜，还是人们喜欢的食品之一；昆虫是高蛋白质食品，作为人类的食物具有悠久的历史，我国3 000年前的周代就有食蚂蚁的记载，目前世界各地食用的昆虫合起来约有5 000种，我国经常食用的昆虫有40种左右，如广东的龙虱、北方的柞蚕蛹、华东的豆天蛾幼虫等；昆虫还是遗传学、仿生学研究的优良试验材料；昆虫可以帮助人类清除垃圾，分解废弃物，如蜣螂（屎壳郎）以动物粪便为食，有"自然界清道夫"的称号；昆虫具有美丽的色彩和图案，悦耳的鸣声和有趣的习性，丰富和活跃了人们的业余生活。

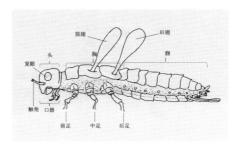

图3-1-7　昆虫结构

图3-1-8　螳螂

然而，最重要的是，昆虫是生态平衡的重要维护力量。如果这种平衡遭到破坏，昆虫也会给人类造成巨大的灾害和损失。例如，棉铃虫曾经给华北地区的棉花生产造成毁灭性打击。但溯本求源，这些虫害暴发的根源是人类大量施用农药造成的。据统计，全世界每年要花费200亿美元购买200万吨农药去杀灭害虫。这些农药不仅使害虫的耐药性提高，而且还杀死了大量害虫的天敌，破坏了生态平衡，导致害虫泛滥成灾。昆虫作为地球生态环境的一个主要组成部分，它们的存在与人类生存息息相关。

延伸阅读：

《昆虫记》，亨利·法布尔

《石头汤》，琼·穆特

园艺记录本

自己制作一个世界上独一无二的园艺记录本，不但可以按照自己的喜好决定本子的形状和厚度，最有趣的是还能自己设计和装饰记录本的封面。用心爱的记录本写下和园艺有关的一件件趣事、小小的收获和心得，或者收藏美丽的花朵和树叶，它一定会成为孩子童年最美好的回忆。

材料 (图3-2-1)：

白纸

缝针

麻线

锥子

牛皮卡纸

牛皮纸（可用废旧牛皮纸购物袋）

乳白胶

泡沫刷

直尺

裁纸刀

图3-2-1　材料准备

步骤：

1. **准备内页**　将A4纸裁成自己喜欢的大小（小孩子更喜欢迷你本本），数量最好是20页以上（为了避免浪费，正反面都要用），因为我希望你能记录下《亲子园艺》里的每一个活动。提倡大家使用废纸，如家长有一面空白的废弃材料，可以把纸对折，将有字的一面放在里面即可。

2. **内页打孔**　根据纸张大小，在左侧距离纸边1厘米处用尺画一条直线，在两端各留出1厘米，剩余部分并平均分成4份，在将打孔的位置做好标记，然后用打孔器打孔或锥子扎出孔。低龄儿童需要家长帮助完成打孔（图3-2-2）。

3．**准备封面**　按照内页的大小在牛皮卡纸划好线，注意划线的时候比内页稍微大一点点。裁两块相同大小的卡纸作为封面和封底。然后在距离左侧2厘米处画一条直线，沿直线将卡纸裁开（图3-2-3）。

4．**制作蝴蝶页封面**　把裁开的封底和封面稍微刷一点乳胶固定在牛皮纸上，裁开的2块中间间隔在1～3毫米。粘好以后，将牛皮纸的4个角剪掉，把牛皮纸的4条边都刷上乳胶后封住卡纸的四边（图3-2-4），再在上面贴上一张内页纸（图3-2-5）。然后按照内页孔洞位置在封底和封面上打孔（图3-2-6）。

5．**线装**　把内页和封面封底对齐夹好。封面朝上，针线从右边第一个孔下面穿上来（在第一个孔下面留出10厘米），然后绕过最右边的外围，从下面再穿上来。然后，再绕过第一个孔的侧面，从下面穿上来，然后穿过第二个孔（图3-2-7），从侧面绕上来，再从原孔穿下去。从下面穿过第三个孔，然后从侧面绕过去，再从下面原孔穿上来，再穿过第四个孔，从侧面绕上

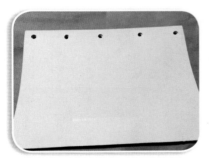

图3-2-2　内页打孔

图3-2-3　准备封面

图3-2-4　制作蝴蝶页封面

图3-2-5　制作蝴蝶页封面

来，再从原来的孔穿下去，然后从最后一个孔穿上来，从侧面绕下去，再从原孔穿上来，从左侧边绕过去穿上来，再从第四个孔穿下去，从第三个孔穿上来，从第二个孔穿下去，最后和第一个孔留的小尾巴打结，剪掉多余的线头（图3-2-8）。

　　6.装饰封面　可以完全随心所欲地设计记录本的封面，可以画一幅画，也可以贴上你押的花、收集的树叶或拍的照片，还可以在上面拓印树叶画（图3-2-9）。

图3-2-6　制作蝴蝶页封面

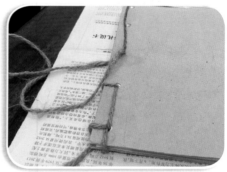
图3-2-7　线装

图3-2-8　线装

图3-2-9　装饰封面

边做边聊：

1. 如何使用你的园艺记录本？

可以用文字，也可以用照片或画画，将自己亲手制作的、看见的、种植的记录在本子上。通过观察、记录、分析、总结，逐渐培养孩子认真的做事态度，善于记录的好习惯，以及基本的科学素养，增强孩子的语言表达能力和组织能力。

园艺记录本可以做以下用途：记录种植的植物名称、种植时间；观察植物生长过程，记录植株高度、颜色，叶片大小，开花时间等；记录发现的有趣的现象；分析生长好的植株和生长不好或死亡的植物的原因；粘贴植物照片；粘贴种子、花瓣、叶子、小昆虫等材料或任何有趣的东西；画出种植的植物，工作场景，观察到的小虫子等；提出的问题，以及查阅资料获得的信息和知识等。

2. 古人是用什么方法做记录的？

人类自古以来就有记录的习惯。我们现在有了文字、纸和各种方便携带的笔，甚至电脑，记录起来非常方便。但在古代，记录并不是一件很容易的事。在文字发明以前，古人以结绳记事，现在秘鲁人还有用很原始但有相当复杂的结绳记事的方法。但由于无法辨认绳结所代表的事物，经常出现错误。在石头上刻痕也是帮助记忆的方法之一，结果当然也是与结绳记事一样。用这些办法不能对事情本身做记录，它只能起一个提醒记忆的作用，而且也不可能记得太多。

直到有了文字这种传递和记录信息的书面符号系统，人类才能准确进行各种记录。3 000多年前，我国先民把文字刻在龟甲和牛胛骨兽骨上，称为甲骨文，这是我国最早的文字。商代在青铜器上铸刻铭文，以金石记事。但甲骨、金石笨重，使用起来也很不方便。于是，人们寻求更简便的文字记事工具，在战国时代又出现了竹简、木牍、缣帛等书写材料。简就是把字写在狭长的竹片或木条上；牍是写在较宽的竹片或木板上（查简、牍的含义）。有了文字和书写工具，思想和技术可以保留和传递，就有了文化的延续和发展，《论语》等经典著作才得以流传至今。然而竹简、木牍也不十分轻便，所占的空间又很大，写作和阅读都很不便利。据说，秦始皇统一天下，政事不论大小，全他一人裁决，他规定一天看章奏（竹简）120斤[①]，不看完不休息。当时的书很重，都是用车运，成语"学富五车""汗牛充栋"等都是和书写材料有关。

---

① 斤为非法定计量单位，秦代的1斤=0.25千克。

晋朝人挖掘了战国时期魏襄王的坟墓，从中得到竹简古书15篇，有10万余字，装了数十车。如果现在用纸印刷，只需要几十页，可见这种书的笨重。缣帛虽然轻便，但价格昂贵。汉代1匹缣（2.2尺①宽、4.0尺长）值6石②大米，只有少数皇家贵族才能享用，一般人根本消受不起。古埃及人曾用尼罗河三角洲盛产的一种与芦苇相似的植物——纸草（papyrus，英文paper一词即源于此），切成长度合适的小段，剖开压平，拼排整齐，连结成片，风干后即成为轻便的纸草。但是时间长后纸草会干裂成碎片，所以极难保存下来。

秦汉时出现的庞大统一国家，文化教育超常发展，以文字为媒介的传播需要急剧增长，迫切需要更为经济和便利的书写材料。直到中国东汉蔡伦发明了"蔡侯纸"。由于蔡伦的发明创造，中国在公元2世纪初就进入推广应用纸的新时代。不久，中国的纸就传给东亚各国，数百年后又传遍全世界，对世界造纸工业的发展和人类文化的传播产生了深远的影响，因此纸被列为中国古代四大发明之一。蔡伦以后约2 000年的今天，全世界都还沿用他发明的这套造纸生产工艺。因此，蔡伦当之无愧地成为影响中国以至影响世界的伟大发明家。

延伸阅读：

《我的自然笔记》，克莱尔·沃克·莱斯利

《笔记大自然》，克莱尔·沃克·莱斯利

---

① 尺为非法定计量单位，1尺≈23.1厘米。

② 石为非法定计量单位，1石=50千克。

制作植物标签

无论是花园，还是盆栽，当植物长得生机勃勃时，人们总是想知道他们的名字。制作一些个性化的植物标签，建立和植物的联系，会让孩子有很多话题，而且能让他们方便地向家人或朋友介绍心爱的植物。孩子不但会记住很多名字，认识很多字，而且能从小养成认真探究和准确描述事物习惯。利用一些自然或生活中的废品制作植物标签，还能让孩子学会环保的理念。

 材料：

雪糕棒
鹅卵石
记号笔
丙烯颜料

步骤：

1. **石头植物标签**　我们在外出游玩时，不妨捡一些鹅卵石回来，一方面对去过的地方很有纪念意义，另一方面，鹅卵石是孩子做手工的好材料。将捡回来的鹅卵石清洗干净，完全干燥，尽量挑选表面比较平的鹅卵石，更容易写字和涂色，但其他形状也可以，孩子们都非常有创意，总是能找到合适的办法。

用丙烯颜料写上植物的名字，可以写上中文名，还可以加上英文名（图3-3-1），大一点的孩子还可以查阅资料，加上拉丁名。如果石头足够大，还可以画上植物的图案。颜料晾干后就可以摆放在植物旁了（图3-3-2、图3-3-3）。

2. **雪糕棍植物标签**　夏天吃雪糕后，千万不要把雪糕棍扔掉，可以把它们清洗干净晾干，然后用记号笔在上面写上植物的名字，就制作成植物标签了。

图3-3-1　石头植物标签

图3-3-2　番茄苗

图3-3-3　芸豆苗

边做边聊：

1.养成准确使用语言的好习惯

现在的孩子经常被说成"四体不勤，五谷不分"。其实作为家长，很多人都不能说出身边植物的名字。大多数人没有注意使用语言的准确性，讲话经常用"这个""那个""那什么"等指代要表达的东西，或者干脆发个表情包，有的时候觉得没有必要什么东西都知道名字。殊不知，只有养成良好的准确使用语言的习惯，日积月累，才能不断提高词汇量、表达能力和写作能力。

2.植物的名字

通常一个植物有学名、中文名和别名等不同的名字。学名是用拉丁文命名的，也就是拉丁名。每一种植物都有唯一的拉丁名，而且全世界通用。拉丁名由三部分组成：属名＋种名＋命名人，例如番茄在植物分类上属于茄科(Solanaceae)番茄属(*Lycopersicon*)，它的学名是*Lycopersicon esculentum* Miller，中文名是番茄，别名西红柿、洋柿子等。

延伸阅读：

《草木缘情：中国古典文学中的植物世界》，潘富俊

自制喷壶

植物生长需要充足的水分，给植物浇水是养护植物的重要措施，利用生活中的废弃物自制一个喷壶，不仅会给浇水带来很多乐趣，而且能培养孩子良好的环保意识和爱动脑的好习惯。

 材料（图3-4-1）：

各种有盖的塑料瓶

锥子

 步骤：

图3-4-1 材料

1. 收集各种大小的有盖的硬塑料瓶。

2. 用锥子在瓶盖上扎一些小孔（年龄小的孩子需要成人帮助）用针在上面扎10～20个孔。想要喷水密集一些，就多扎一些孔（图3-4-2）。瓶子上装饰一些图案。

3. 在瓶中灌满水，拧上盖子就可以愉快地给植物浇水啦（图3-4-3）。

图3-4-2 扎孔

图3-4-3 浇水

边做边聊：

植物生长为什么需要水？

第一，水是植物体的重要组成成分。植物体含有大量水分，不同种类的植物含水量不尽相同，水生植物含水量最多，可达90%以上；草本植物大于木本植物，含水量为70%～80%。

第二，水分能保持植物的固有姿态。植物体内水分充足时，植株才能坚挺，保持直立的姿态；叶片才能舒展，便于充分接受光照和交换气体，有利于光合作用；同时，也使花朵张开，有利于传粉。

第三，水分是植物对物质吸收和运输的溶剂。无机盐只有溶解在水里，才能被植物体吸收，并运输到植物体的各个器官。

第四，水是绿色植物通过光合作用制造有机物必需的原料之一。

第五，植物通过蒸腾作用失水，降低植物体的温度，免遭阳光灼伤。

延伸阅读：

《给花浇水》，金贤泰

《瓶子的旅行》，米克·曼宁，布立塔·格斯兰特罗姆

狗尾草小兔子

狗尾草小兔子是很多人儿时美好的记忆。虽然现在的孩子有很多玩具，但都比不上爸爸妈妈亲手给孩子做的玩具。狗尾草是随处可见的一种小草，夏季会长出很多果穗，可以摘一些做小兔子。带着这些小兔子和孩子一起阅读关于小兔子题材的书，一定能让孩子兴趣倍增。

 材料（图3-5-1）：

狗尾草（至少要摘7根狗尾草，2根作兔子耳朵、4根分别作胳膊和腿，还有1根做小尾巴）

 步骤：

图3-5-1 狗尾草

选择2个长而细的狗尾草作耳朵，用手先捏在一起（图3-5-2），然后再找一根长而粗的狗尾草作为其中一只胳膊，将这根狗尾草留出一小部分作为胳膊，剩下的部分绕着作为耳朵的狗尾草的基部将2个"耳朵"缠起来，以便缠出小兔子的脸部，剩余的枝干紧紧地和耳朵的枝干靠在一起。另一只胳膊如上法，两只胳膊中间需要有间隔，这样可以显出上身（图3-5-3）。

接着就是下身了。先用一个比较长的狗尾草绕着胳膊下方的枝干缠几圈，做出下身，两条腿和胳膊的做法是一样。这时小兔子的模样就已经基本显露出来了。如果感觉小兔子的身体比较干瘪，可以再取一根缠绕其中，这样它就变得胖嘟嘟了

图3-5-2 小兔子耳朵

（图3-5-4）。

最后别忘了加上小兔子的尾巴。俗话说"兔子尾巴长不了"，所以要挑选一根比较小而粗的狗尾草作为尾巴，把它从上往下插在兔子的下身后面，让尾巴是向上翘着，剩余的部分缠在下身即可，这样小兔子看起来就更可爱。

把所有剩余的枝干都并在一起用草或者绳子固定住，狗尾草小兔子就做好了。现在和小兔子一起阅读吧！

图3-5-3　小兔子上身

图3-5-4　小兔子下身

 边做边聊：

1. 成语里的植物

成语是汉语词汇中一部分相沿习用的固定词组或短语，能独立表意，形象生动、言简意赅。部分成语来源于古代寓言、历史典故和古诗文，是中国传统文化的一大特色。成语数量庞大，据已出版的资料统计约有37 000条，在这3万多条成语之中，有800多条包含特定的植物。了解这些植物，可以引发孩子的对成语的兴趣，有助于理解"植物成语"的意义，也能让孩子更加热爱中国传统文化。这里可以举和狗尾草有关的两个例子：

良莠不齐：指好人、坏人混在一起。"莠"就是狗尾草，其幼苗形似禾苗，叶片及花穗都类似谷子，属于杂草，不易防除，农民痛恨，因此比喻为坏人。

不稂不莠："稂"是狼尾草，"莠"是狗尾草。原指经过精耕细作，没有什么杂草。后比喻人不成材，没出息。

2. 有趣的植物名字

每种植物都有名字，很多植物的中文名称非常有趣，如狗尾草是以狗的名字命名的，其实还有很多以"狗"命名的植物，如狗牙花、金毛狗、狗尾红、狗屎豆（望江南）、狗牙根、狗枣猕猴桃、狗娃花等。汉语博大精深，很多植物名称流传了几百年甚至几千年，这些植物名称已经成为汉语词汇系统中最稳定、词义变化最少的部分。在华夏五千年的文明史中，我国保有的植物的名称集中蕴含并承载了中华民族丰富的文化内涵。这些植物名称的命名方式多种多样：

有的是通过植物自身特点对其命名，主要根据植物的形体、性状、纹色、功能、气味、质地、滋味等。如鸡冠花，花序形似鸡冠而得名；再如罗汉松，叶形狭长似松叶，种子呈光滑的椭球形，下面有肉质的种托，合起来看很像是披着袈裟的和尚，所以得名"罗汉松"；有的是以和植物相关的民间传说或典故对其命名。如诸葛菜，又名二月兰，传说诸葛亮率军出征时，曾采摘嫩梢为菜故得名；虞美人，据说楚霸王项羽，被刘邦重兵围困垓下，兵少食尽，又夜间四面楚歌，人心惶惶。被他宠幸的美人虞姬，为了不使项王为难拔剑自刎。后来，在虞姬血染的地方长出了一种美艳的花，人们为了纪念这位美丽多情又柔骨侠肠的虞姬，就把这种不知名的花称为"虞美人"。还有使君子、刘寄奴、何首乌、杜仲等都是以民间传说命名的植物。不妨和孩子一起研究一下身边植物名称的来历，一定可以发现很多有趣的故事、历史和自然知识。

延伸阅读：

《Ricky》（折耳兔齐齐），G·V·西纳顿

《植物名字的故事》，刘凤

制作水泥花盆

利用水泥和生活中各种废弃容器作为倒模模具，再加上创意，就可以手工制作各种形状的水泥花盆了（图3-6-1）。孩子都喜欢玩泥巴，从制作水泥花盆中一定能找到和玩泥巴一样的乐趣。

 材料：

防尘面罩

一次性乳胶手套

细沙石

水泥

凡士林或菜油

吸管

图3-6-1　水泥花盆

各种废弃容器（用完的一次性的纸杯、塑胶杯、泡沫塑料碗、酸奶杯、大可乐瓶、牛奶盒等，方的、长方的、圆的或不规则形的都可以，大小两个。还可以利用瓦楞纸制作特殊形状的模具）

剪刀

水泥

泥炭土

珍珠岩

PH试纸

 步骤：

1. 混料　首先，带好防尘面罩和一次性手套。如果草炭结块，需要先揉碎，使之均匀一致。按照1份水泥、1.5份草炭土、1.5份珍珠岩、1份水的比例准备好原料（图3-6-2）。先将3种干的材料混匀，然后再逐渐加水拌匀。和好的泥料如果用手攥起来可以形成团状不松散，但也不会挤出水（图3-6-3）。

2. 制备模具 一般用大小两个模具，先将大的容器内涂一层凡士林或菜油，再将小容器外面喷涂一层油（便于脱模）。也可以在模具外面套塑料膜。

3. 灌装定型 在大容器底下先铺一层2厘米左右厚的泥料作盆底，中间可以置一个2厘米高的吸管作底孔（待定型后去除吸管即可），大盆用大孔径吸管，小盆用小孔径吸管，将泥料铺平（图3-6-4）。然后将小容器放进去，大小容器的间隙（即盆壁的厚度）约2厘米为宜。继续将泥料填充在两容器之间的空隙里形成盆壁，填完后在地上或桌子上磕几下，让泥料紧实一些，避免产生孔隙。壁的高度根据个人需要来定。一般不低于8～10厘米，也可以做更深一些（图3-6-5）。

4. 定型后处理 包上塑料袋或保鲜膜保湿，置放阴凉处24～48小时。然后小心去除模子，再

图3-6-2　三种材料比例

图3-6-3　和好的泥料

图3-6-4　铺底

放入塑料袋内以防止干裂，切记一定不要暴晒。4～5天或1周后可以去除塑料袋，这时的水泥盆就已经定型很好了。做好的盆还不能马上使用，一定要用水反复泡洗多次，也可以放到室外让雨水反复冲刷一段时间。

 边做边聊：

花盆下面为什么要有个小孔？

植物不仅要通过根从土壤中吸收水分和无机盐，还要通过增强根的呼吸作用，促进植物

图3-6-5　灌装

地上部分的生长。这就需要确保土壤中有一定含量的氧气。如果花盆底部是封闭的，那么一旦浇水过多或雨水较多，盆中就会积水，从而将泥土中的空气挤走，造成土中缺氧，植物的根系就会窒息，无法进行呼吸作用，导致烂根甚至植株的死亡。在盆中栽种植物首选泥瓦盆，就是因为泥瓦盆通气性好，有利植株生长，在盆的底部留孔的目的也在于此，一旦浇水过多或者遭到大雨的侵袭，水就会从底孔排出，留出来的空间就可充实空气。事实上为了保证泥土中有足够的空气，不仅在底部留孔，而且也要求泥土有较好的团粒结构，以留出尽可能多的孔隙来充满空气。为了保证通透性好，许多花盆的底部不仅有1个孔，有时会有2～5个孔，一些专供种植兰花的盆，不仅底部有孔，就连周围也留了许多孔，就是因为兰花要求有特别好的通透性，植物生长需要呼吸。

延伸阅读：

《手捧空花盆的孩子》，陈加菲

制作植物标本

孩子们生活的周围环境有大量的植物资源，当他们看到喜欢的植物或它们的花、叶子，很想保留下来时，可以将它们压成标本长期保存，便于随时欣赏。标本是孩子了解植物的好材料，采集、制作蜡叶标本是一个帮助他们走进自然的极好途径。此外，还可以利用压制成的干花、叶片等进行手工制作，如做成书签、贺卡等作为礼物送给别人，让采集、制作标本成为是一件既有趣又有意义的事。

 材料：

标本夹
瓦楞纸
吸水纸或报纸
台纸（白色、长40厘米、宽27米、卡纸）
采集袋
记录本
号牌

步骤：

1. 准备植物标本夹　可以直接购买标本夹，也可以和孩子一起制作一个标本夹。准备2块木板或硬纸板，如蛋糕盒底下垫着的硬纸壳或鞋盒都可以，大小可以根据想压制的材料确定，制作大型的标本夹则用尺寸为45厘米×30厘米的2块木板或硬纸板。年龄小的孩子还可以将材料直接夹在废弃的书里。

2. 采集植物材料　用来压制标本的植物材料，可以是植株、也可以是花朵或叶片。特别希望孩子们能亲手体会捡拾和收集自然的乐趣。当然，在这个过程中，家长需要进行引导，不要在公园摘种植的花，野花也最好适可而止，强烈推荐的是用落叶、落花做标本。

在野外对采集的标本进行记录是一项非常重要的工作，因为一份标本，当我们日后对它进行研究时，它已经脱离了原来的环境，失去了生活时新鲜状态，特别是木本植物标本，仅仅是整株植物体上极小的一部分，如果采集时不做记录，植物标本就会失去科学价值，成为一段毫无意义的枯枝。因此，必须对标本本身无法表达的植物特征进行记录，记录越详细越准确，标本的科学价值就越大（图3-7-1）。可以让孩子从小养成细心观察、认真记录的习惯，当个小小科学家。

图3-7-1　标本采集记录

　3．**压制标本**　把标本夹打开，垫一层瓦楞纸，2层吸水纸或报纸，将采集来的植株、花或者叶片平铺在吸水纸上，检查与矫正花、叶的位置（图3-7-2），把少数叶片和花翻过来，以便对他们作全面观察，再盖2层吸水纸，一层瓦楞纸，如此为一层（图3-7-3）。直到把所有的材料都按照这个方法压完，所有层都铺好后，最后将标本夹的另一片木板放在最上面（图3-7-4）。将标本夹用粘扣（或帆布带）收紧，背靠背魔术贴扎带（或松紧带）。小的标本夹可以用燕尾夹加紧即可。把植物标本夹放在干燥的地方，等待植物、叶片或花朵等材料干燥。大约7天后，打开标本夹查看是否已干燥和压平。如果植物材料较大，不容易干燥，需要在这期间更换几次吸水纸。小孩子也可以用废弃的书或杂志夹树叶、花朵等，夹好后可以用重一点儿的物品压上就行了。

　4．**制作蜡叶标本**　将干燥好的标本放在台纸（白色硬纸）上，摆好位置，进行固定。用白棉线把标本钉在台纸上。小植物标本或枝条柔软的标本，可

图3-7-2　压制标本　　　图3-7-3　压制标本　　　图3-7-4　压制标本

用胶水涂在标本的背面，直接粘贴在台纸上（图3-7-5）。上完台纸后，要在台纸下方贴上标签，在标签上记录下采集时间、地点和采集人，以及一些特殊性状的描述。

还可以用这些干燥的植物材料制作粘贴画，记录采集时间、地点、制作人和创意说明，积攒起来，就是一本特别好的自然笔记，希望孩子们能拥有一本独一无二的自然珍藏。

图3-7-5 蜡叶标本

边做边聊：

了解蜡叶标本的作用和意义

蜡叶标本又称为压制标本，通常是将新鲜的植物材料用吸水纸压制使之干燥后装订在白色硬纸上(这种纸称为台纸)制成的标本。植物蜡叶标本作为最主要的植物收藏物形式，是科研人员重要的研究对象和凭证资料。蜡叶标本对于植物分类工作意义重大，它使得植物学家在一年四季中都可以查对采自不同地区的标本。16世纪后半期植物分类的迅速发展在相当大的程度上是由蜡叶标本这种新技术促成的。

全球植物蜡叶标本的科学收集已历经400多年，累计逾3.5亿份，分布在各大洲3 000余个标本馆。每个标本馆都有自己的角色定位和收集重点，馆际间的科研标本交换作为丰富彼此馆藏的重要手段也由来已久。一些大的植物标本馆往往收藏百万份以上的蜡叶标本，植物学家借助于这些标本从事描述和鉴定。现在有很多植物都已经灭绝了，只能在标本上看到了。

蜡叶标本的意义并不局限于植物分类学的研究，蜡叶标本的采集与制作在普通人眼里更多的是出于一种对自然与生命的感悟，出于一种博物学的传统和情结。当然，蜡叶标本本身带给人们的美感也是一个重要的方面。家长可以带孩子参观自然博物馆，仔细观察植物标本。

 **延伸阅读：**

《植物发现之旅》，海伦·拜纳姆，威廉姆·拜纳姆

树叶画和树叶相册

步入秋天，树叶开始逐渐变色、飘落，漫步其间仿佛置身于童话世界。带着孩子一起欣赏美景的同时，别忘了捡拾秋叶，不但可以近距离观察每一片叶子，还可以发挥想象，用不同的树叶，通过动脑动手，做成了各种各样的树叶画。树叶拼贴画借美术之灵，创自然之美，让每一片叶都充满着智慧，充满着生命力，可以发展小孩子创造性思维。其实单个的叶子也很美丽，索性单纯收集叶子也是不错的选择，特别是年龄小的孩子可以收集各种形状的叶子做一个树叶相册（图3-8-1）。

 材料：

各种树叶

标本夹

乳胶

白纸（选择比较白的、光度好的纸，不能太薄，否则容易弄破。还可以根据画面要求选择其他颜色的纸）

剪刀和镊子

毛笔或小刷子

贴膜相册

图3-8-1　树叶相册

 步骤：

1.叶片的采集

（1）采集的材料要广泛。除了树叶以外，花瓣、草叶以及种子、小枝等都可以作为叶画的材料，都应该采集备用。

（2）叶片的形状要多样化。采集不同树种的叶片，圆形、椭圆形、菱形、披针形等都应采集，以保证图案形状的多样化。

（3）树叶的颜色要丰富。注意采集各种颜色的叶片，绿色、黄色、橙色、红色、褐色等，使叶画有丰富的层次感。

（4）叶片的大小要系列化。尽量收集每一种形状、颜色的不同大小的叶片，在制作时有充分选择的余地（图3-8-2、图3-8-3）。

图3-8-2　叶片的采集　　　　　　　图3-8-3　叶片的采集

2. 叶片的整理和压制干燥　将收集回来的叶子进行整理，把叶片擦干净，同一种叶片放在一起。制作叶画的叶片需要进行压制干燥后分类保存。压制干燥叶片是制作叶画十分重要的一步，没有经过压制干燥的叶片不能使用。叶片压制干燥的方法参考标本制作的方法。

3. 叶画构图、摆拼　构图是制作叶画的关键。可以根据叶子的形状、颜色，采用会意、夸张等手法，表现出一个主题。也可以先用铅笔画个草图，再慢慢研究、设计、选叶。此时要充分发挥孩子丰富的想象力，鼓励他们大胆设计。摆拼的过程可以和设计同时进行，即边拼摆边设计，也可以先设计好画面，然后再选择合适的叶子来拼摆。为了充分发挥叶画的艺术魅力，尽可能保持每片叶子的完整，切不可将叶子剪得零零碎碎。当然，如果为了达到叶画的艺术效果，也可对叶子进行必要的处理。一般可进行拼贴、叠贴，也可折贴。甚至可进行适当的剪和接（图3-8-4、图3-8-5）。

4. 固定、保存　把所需用的叶片放在台纸上，按照设计好的构思摆好。取叶片时，最好用夹邮票的镊子，轻拿轻放。然后用乳胶将叶子固定在纸上。叶画做好后，如果想长久保存，可以用封塑机压塑一下，这样叶画既不会弄脏、受损，又能长久保存，便于摆放。

图3-8-4 树叶画　　　　　　　图3-8-5 树叶画

边做边聊：

1. 叶片的形态特征有哪些？

带领孩子捡树叶时，和孩子一起观察叶片的形态特征，包括叶形、叶尖、叶基、叶缘、叶脉等（可参考第一部分叶片的内容），然后让孩子画一幅叶子的图画（图3-8-6）。

图3-8-6 叶片画

2. 树叶为什么会在秋天变颜色？为什么银杏变黄，枫树变红？

首先引导孩子观察树叶颜色的变化，然后再一块讨论和寻找答案。

树叶的颜色是由它所含有的各种色素决定的。叶子中含有大量绿色色素——叶绿素，生长季的叶子还能不断产生新的叶绿素替代那些褪了色的老叶绿素，因而叶子一直呈现绿色。此外，叶子中还有黄色、橙色或橙红色的类胡萝卜素，以及红色的花青素。到了秋季，由于气温下降，叶子产生新的叶绿素的能力逐渐消失，绿色渐渐褪掉，而类胡萝卜素很稳定，仍留在叶子里，于是叶子就变成各种黄色了。有些叶子变成红色，那是由于叶子在凋落前的半个多月里，寒流霜冻等环境条件急剧变化，产生了大量的红色花青素的结果。所以有诗"霜叶红于二月花"。最著名红叶的就是香山红叶。香山红叶主要是一种叫黄栌的树的叶子。黄河流域一带的乌桕也是著名的红叶树，古人有"乌白犹争夕照红"的诗句。还有很多其他的秋色叶树，如黄色的银杏，红色的槭树等。

延伸阅读：

《叶子先生》，洛伊丝·艾勒特

树叶拓印

大自然是一个丰富多彩的物质世界，它为孩子的艺术创作提供了灵感和天然的素材。当秋季来临，树叶一片片飘落下来，仿佛在空中跳着舞，孩子们就会兴奋地捡拾各种树叶。利用拓印的方式把这些树叶一片一片地印下来，不仅可以把树叶以另一种方式留下来，还能发现树叶的纹路在纸上表现出意想不到的肌理效果。再进一步启发孩子仔细观察拓印出的树叶，联想出不同的事物，并根据想象出的画面，制作各种形态与颜色的树叶拓印作品。从捡拾树叶到拓印画不仅能给孩子的童年留下美好的回忆，还能培养孩子的动手能力、观察力、想象力和创造力。

 材料：

收集各种树叶（图3-9-1）
水粉颜料或蜡笔
白纸
刷子、排笔
报纸、一本厚一点的书

图3-9-1　收集各种叶片

步骤：

年龄小一点儿的孩子可以用蜡笔。将叶子放在白纸下，用蜡笔在下面有叶子的位置上涂，就会在白纸上留下树叶的形状和纹理（图3-9-2）。

大一点儿的孩子可以用水粉颜料。在树叶背面小心地刷上颜色，要全部覆盖（图3-9-3）。颜料的干湿要适当，太湿会模糊成一片，体现不出肌理；如果太干，又不能把树叶的形状表现出来。家长要大胆让孩子自己反复尝试不同干湿颜料的效果，对比观察，不要怕孩子做不好，重要的是在这个过程中孩子体会到的乐趣和通过自己的努力完成的作品。

颜料刷好后，就可以进行拓印了。拓印的过程非常重要，小心将树叶按压在白纸上，一定要让颜色在纸上均匀地显现，因此在印的时候用力要均匀。也可以在树叶上先垫一张报纸，再加一本厚点儿的书，用手掌在书平面上来回按压，这样就能保证用力均匀了。然后拿开书和报纸，再小心翼翼地轻轻揭开树叶，关键是揭的时候不要让树叶儿移动位置，否则就一片模糊，前功尽弃了。

揭开树叶后，就会看到在白纸上印的树叶的轮廓、叶脉、叶肉的肌理效果了（图3-9-4）。

树叶印好后，孩子可以发挥想象力，在树叶上添加想象的东西。也可以在一开始就设计好，然后再在需要树叶出现的位置拓印树叶。

图3-9-2　树叶蜡笔打印

图3-9-4　树叶拓印书签

图3-9-3　在叶片背面刷颜料

 边做边聊：

1. 树叶上一条一条的是什么？

树叶上一条一条的脉纹叫叶脉（参考认知篇的被子植物的植物体组成器官及其作用中有关叶片的内容）。叶子的形状多种多样，如果仔细观察，你会发现叶脉的形态也是多种多样的，它们有不同的排列方式，非常精美（图3-9-5）。

2. 色彩的认知

小孩子可以和爸爸妈妈一起认识不同的颜色。大孩子可以用不同的颜色

(1)

(2)

(3)

图3-9-5　叶脉

(1)珙桐羽状脉　　(2)旱金莲掌状脉　　(3)玉簪弧形脉

拓印叶子，学习色彩的基本知识，谈谈自己的对不同颜色叶子的感受。

色彩是可见光的作用所导致的视觉现象。光是一种电磁波，不同波长的可见光投射到物体上，一部分被吸收，一部分被反射进入人眼，大脑再把这种刺激反映成色彩信息。所以说，没有光，就没有色彩可言。

色彩的三要素包括色相，明度和饱和度。孩子可以通过自己调制来体会颜色的变化。

色相，指的是色彩的相貌，是我们区分不同颜色的判断标准。色相由原色、间色和复色构成。原色是指色彩中不能再分解的基本色，美术三原色是指红、黄、蓝。通过原色能合成出其他颜色，而其他色不能还原出原色。间色是由两个原色混合而得的色彩，即橙、绿、紫。复色是由原色与间色混合，或间色与间色混合而成的色彩。

明度，即色彩的明亮程度。一般情况下在颜色中加入白色，明度提高，加入黑色，明度降低。

饱和度即纯度，指色彩的鲜艳程度。纯度越高，色彩越鲜明，纯度越低，色彩越黯淡，纯度最高的色彩就是原色。

 延伸阅读：

《蓝叶子》，王晶静

制作四川泡菜

　　蔬菜的盐（泡）渍贮藏及加工是中华民族对世界食品发展的特殊贡献之一。蔬菜的盐（泡）渍贮藏加工起源于中国，并在上千年的发展过程中成为我国最普遍和大众化的蔬菜加工的方法。

　　泡菜是我国传统特色发酵食品的典型代表之一，历史悠久，文化深厚，风味优雅，是泡菜是一种以湿态发酵方式加工制成的浸渍品，为泡酸菜类的一种，是利用乳酸菌在低浓度食盐溶液中进行乳酸发酵。我国泡菜制作工艺历史悠久，是瑰丽的食文化遗产之一，千百年来生生不息，传承至今。泡菜具有制作容易，设备简单，成本低廉，营养卫生，风味可口，取食方便，不限时令，利用贮存等优点。因此，在我国东北、湖南、湖北、河南、广东、广西、四川、云南、贵州等民间均有自制泡菜的习惯。其中，最能代表中国泡菜的是四川泡菜，四川泡菜堪称"国粹"，被誉为"川菜之骨"，在国内外享有盛誉。和孩子一起制作中国传统食品，了解祖国悠久的食文化，有利于文化的传承和培养文化自信。

材料（图3-10-1）：

泡菜坛子

高粱白酒

玫瑰红醋

花椒

辣椒

大料（即八角茴香，也称为大茴香）

冰糖

泡菜盐（按照体积加具体的量）

各种泡菜原料（萝卜、胡萝卜、甘蓝、豇豆、子姜等均可）

图3-10-1　材料准备

步骤：

1. 培养泡菜发酵菌

（1）首先取泡菜坛子容量的20%~30%冷水，放入一些20~30粒花椒和适量的盐，盐的量为能尝到淡淡得咸味即可，然后把水烧开。

（2）待水完全冷却后，灌入坛子内。注意坛子内壁必须洗干净，要把生水擦干，或用开水烫一下也行。然后加一两高粱酒（大坛子可以适当多加）。

（3）将红辣椒和生姜洗过后晾干，再放入坛中，绝对不能带生水。这两种佐料有提味的作用，因此要保持坛子内一直有。

（4）掺足坛沿水（坛子上边有沿，可装水，坛子的上沿口是装水的，且平常水不能缺，才能起到密封的作用）。2~3天后注意仔细观察，看辣椒周围是否有气泡形成，开始的时候是很少的十分细小的气泡，不注意观察几乎看不见。如果有气泡，就说明发酵正常，再接着放2~3天，泡菜的原汁就做成了。

2. 泡制

（1）先加入大料、冰糖适量。

（2）将蔬菜洗干净后切成大块或条（图3-10-2），晾干表面水分。如果先用25%的盐水浸泡几天再捞出晾干水分，泡菜会更脆。泡菜原料非常丰富，选用纤维含量越低的原料越好。常用泡菜原料有萝卜，豇豆，胡萝卜，子姜、辣椒等。

（3）将处理后的原料放入培养好的泡菜原汁的坛内，蔬菜必须完全淹没在水里。盖上坛盖，掺足盐水，密封坛口。泡1周左右即成（图3-10-3）。

图3-10-2 萝卜切块　　　　　图3-10-3 腌制好的泡菜

（4）用过的原汁可反复使用，越老越好。用过半年以后的原汁发酵能力十分强大，一般的蔬菜只需浸泡1天左右就能食用。也可以取一部分老盐水再加上新盐水腌制。但注意坛子上沿的水不要干了，不放菜的时候可以在里面加上盐，坛子放在凉爽的地方，只要保管的好，泡菜原汁可以用很长时间。

边做边聊：

世界各地都有哪些代表性的发酵食品？

利用微生物的作用而制得的食品都可以称为发酵食品。传统发酵食品使用的微生物有酵母菌、霉菌、细菌等多种。传统发酵食品的原料来源广泛，人们日常食用的谷类、豆类、蔬菜、乳、肉等食物几乎都可以制作发酵食品。世界传统发酵食品历史悠久，分布广泛，许多国家和地区都有当地特色的传统发酵食品，如中国的酱油、醋、腐乳、泡菜、豆豉和腌咸鱼等；日本的纳豆和清酒、韩国的泡菜和大酱、意大利的色拉米香肠、高加索地区的开菲尔奶、德国的啤酒、英国的威士忌、法国的奶酪、印度的馕饼、墨西哥的辣椒酱，以及西方许多国家的面包、干酪和酸奶等。下次再到超市，家长可以给孩子介绍哪些食品是发酵制成的。

延伸阅读：

《我的第一本科学漫画书 儿童百问百答18 食品与营养》，安光玄

制作植物香包

香包是我国传统民间艺术品，中国自古以来就有佩戴香包的习俗。香包不仅具有装饰性，还具有实用功能，是艺术和科学完美结合的产物。香包中所盛的香料，多种多样，但大都是芳香类的植物，也有矿物或动物分泌物等。古人讲究熏香，在现代香水出现之前，人们清洁衣物、室内消毒大都用香包或熏香炉熏香。香包随身携带，自然散发香气，对人体的影响有生理和心理两个方面。对生理的影响主要有神经系统和心血管系统，特别对中枢神经的影响较大；心理方面主要是通过感受香药特有的气味，使人身心进入一种愉悦的境界，产生美好的感受。香药有预防瘟疫、瘴气、秽气，消毒、杀虫等方面的功效。因此，佩戴、悬挂香包能够达到预防疾病的作用。2003年中国SARS大流行期间，南京中医大学制作了10多万个中药防疫香包，让大学里的师生、员工佩戴，亦提供给政府部门使用。结果，大学里没人染病，证明该香包具一定的预防作用。

 材料：

棉布或麻布

针、线

细绳

香草：如果家里种植了薰衣草、迷迭香、甘菊、罗勒、薄荷等香草植物，可以在花苞尚未开放前采收香草。将香草剪下了，捆扎成束，倒置挂在阴凉通风干燥处，远离日光直射。大约1周后，香草就晾干了。如果没有种植香草，也可以在药店购买。可以用以下几个配方：

①预防感冒：沙姜、高良姜、桂枝、佩兰各7克，雄黄、樟脑各3克，冰片2克。

②提神醒脑：合欢花、佛手、西洋参、薄荷、朱砂、琥珀、豆蔻、柏子

仁、五味子各2克。

③驱蚊安神：艾叶、紫苏、丁香、藿香、薄荷、陈皮、白芷、石菖蒲、金银花各5克。

 步骤：

1. 剪取一块大小合适的长方形布，然后对折，缝制两侧。

2. 然后将口袋翻过来，将香草药材分别研磨后混合（但不要研磨成粉状），装入口袋。

3. 将缝制部分放在中间，压平，再将开口处缝上（图3-11-1）。缝制时可以在香包的一端或中间加入一节绳子，以便悬挂。

图3-11-1　缝制香包

边做边聊：

1. 古代香包有什么功能？

香包，古代称为"香囊"，又称为"佩帷""容臭""香袋儿""荷包"。它是把多种具有浓烈芳香气味的中草药研制的细末装在形状各异、大小不一的绣囊里，并且用彩色丝线绣制出各种内涵丰富、博大精深的图案纹饰，以作生活实用、节令志庆和观赏品玩用。中国端午节时人们有佩戴香包的习俗，其实际功能就是典型的以香药驱瘟避邪的风俗化衍变。

2. 寻找身边的香草

草本芳香植物又称为香草，是指兼有芳香、观赏和药用等属性的植物类群。广义的香草还包括部分灌木、亚灌木芳香植物，它不是植物学或生物学上的专用名词，而是一个约定词汇。全世界有3 000余种，其中常用的有400余种。香草植物有多种用途，可以药用、食用、泡茶、厨房料理调味，熏香沐浴、杀菌消毒、驱虫、观赏、园林园艺、精油美容保健等。著名的香草有薰衣草、迷迭香、玫瑰、藿香、荆芥、鼠尾草、薄荷、牛至、罗勒等。

 **延伸阅读：**

《香草女巫》，艾弗琳娜·哈斯勒

草木染手帕

"丢手绢，丢手绢，轻轻地丢在小朋友的后面，大家不要告诉他，快点快点捉住他，快点快点捉住他。"丢手绢是很多大人儿时的游戏，那时人人都有手帕。然而，面巾纸、餐巾纸、手帕纸……不经意间，纸制品开始大量包围我们的生活，手帕几乎"下岗"。你可知道手帕被纸制品替代的背后，是多少森林的消失吗？据报道中国每年消耗生活纸制品440万吨，1吨纸制品需要消耗17棵十年生大树，换句话说，中国每年在生活用纸上就要消耗7 480万棵十年生大树！这是一组多么触目惊心的数据啊。其实相对纸巾而言，手帕的优势也是很明显的，美观大方，吸油吸汗，更安全，没有纸巾漂白问题的困扰。和孩子一起亲手制作草木染手帕，不仅可以了解具有悠久历史的草木染，而且可以重拾手帕、少用纸巾，践行低碳生活理念。

材料（图3-12-1）：

白色小方巾若干条（白棉布或白色棉手帕也可以）

洋葱皮50克。

明矾粉5克

不锈钢锅

竹筷

滤网，棉绳或橡皮筋（扎染用）

图3-12-1　材料准备

步骤：

1.**染料提取**　将洋葱皮用清水洗过，去除部分残留的泥土，然后放到不锈钢锅中，加入1升清水煮沸约30分钟，水变成很浓的红茶色，倒出染液，再加水反复煮2～3次。将各次的染液经滤网过滤后，混合在一起作为染料使用（图3-12-2）。

2.**媒染剂配置** 将明矾5克加1升水配制媒染剂。

3.**准备布料** 将被染物先用清水浸泡，加温煮10分钟，清水漂洗，拧干、打松后染色；大一点的孩子可以用线绳、橡皮筋等将棉布先绑扎成各种形状再染色，如蜘蛛形，提起布料的中心点，将四周的布依次折叠在一起，然后用线绳从中心点处开始向下绑扎，每圈绳子之间隔一定的距离，直至基部，然后再反缠回来，最后将绳子两端系在一起。年龄小的孩子可以用橡皮筋在其中的一条手绢上扎几个结，另一条不用扎结（图3-12-3）。

4.**染色** 将预先浸泡或绑扎的布料投入染液中染色，染色时升温的速度不宜过快，并随时进行搅拌，煮染的时间约为染液煮沸后降温保持半小时。

5.**媒染及固色** 取出被染物，拧干后放入预先配好的媒染剂中，进行媒染约半小时。经过媒染的被染物再放入原染液中染色半小时。然后加少量食盐固色（如果没有媒染剂，染色后直接固色即可）。

6.**漂洗** 将被染物取出用自来水冲洗，直至水中没有明显的染液颜色，然后解开绳子或橡皮筋。由于绑扎的位置没有染色，因而出现一些美丽的图案（图3-12-4）。而没有经过绑扎的手绢染色均匀，只有一种颜色。

图3-12-2 染液

图3-12-3 绑扎

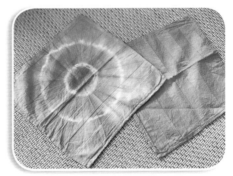
图3-12-4 染色后的手帕

 边做边聊：

1.洋葱皮为什么能使布上染色呢？

这是因为植物中含有各种色素，经过煮沸，色素溶解在水里，这些色素渗透到布的纤维中就可以染色了。在染色后接触到明矾溶液，就能使纤维和色素牢牢地结合在一起，不褪色。生活中，还有很多其他植物和植物废弃物都是既环保又方便的天然染材，如葡萄皮、橘子皮、黑米、紫甘蓝、野菊、过期的茶叶、咖啡、咖喱粉、红酒等。

2. 过去，人们用什么物质染衣服的颜色？

我们的祖先很早就采用植物的根、茎、花、叶、果实、果皮、干材等为染料，使麻、葛、丝、皮、毛、棉等天然纤维等材料着色，这种技艺在古老的中国被称为"草木染"。"草木染"应用历史久远，在商周时期已盛行，《诗经》的《小雅·采绿》："终朝采绿，不盈一匊……终朝采蓝，不盈一襜"，绿即荩草，可以染黄、染绿，蓝为蓼蓝，可以染靛、染蓝。至清朝利用各种草木已能够染出多达704种自然色彩。草木染比动物染、矿物染的应用广，我国大部分著名传统染织品的染色材料都来自植物，例如，染黄色的有栀子、黄栌、槐蕾、姜黄等；染红色的有茜草、红花、苏木、棠梨等；染蓝色的有蓼蓝、菘蓝、木蓝、马蓝等；染紫色的有紫草；染黑灰色的有五倍子、麻栎、胡桃、乌桕等。手工染色匠人们通过不断摸索，积累了大量关于当地具有的最好染色资源和实践技巧的知识。这些知识由口头转述代代相传。可是，现如今，草木染这项古老技艺随着近百年来合成染料的迅速发展逐渐呈现没落的状态，传统依水漂染的景象早已不复存在。

3. 说文解字"染"

从我国"染"字的造字方法来看，它由"木""水""九"三部分组成，是一个会意字，其中"木"就是用于染色的原料，说明古代染色所用的染料取自草木一类的天然植物，如茜、槐之类；"水"就是浸渍染料的溶液，浸出染液后方能染色，而"九"则是染的次数，许多染料都要经多次套染方能染深。

《手绢上的花田》，安房直子

《北风遗忘的手绢》，安房直子

缝 制 沙 包

现在市面上的玩具有很多，五花八门，种类齐全。很多小朋友虽然拥有大量玩具，但似乎还是无法满足他们的需要，总是想要新玩具。而且因为玩具太多、太容易得到，孩子们往往觉得自己的玩具不是那么可贵，也不太珍惜。反倒是很多家长回想起小时候为数不多的几个玩具，总是念念不忘它们给自己带来的乐趣。

其实，不妨和孩子一起动手做一些自制类的手工玩具，因为自制玩具对于孩子的好处是巨大的。首先，自制玩具能够锻炼孩子的眼力、手力、脑力之间的配合，特别是在培养动手能力方面。其次，自制玩具可以让孩子在制作以及设计的过程中，学习很多相关知识，充分发挥他们的想象力和创造力。再次，自制玩具需要孩子足够的意志力才能完成，让孩子了解到什么是前功尽弃，做事就要从头做到尾，不能半途而废，完成一个作品后，孩子会非常有成就感，从而不断增强孩子的意志品质。另外，自制玩具还能够让孩子觉得事物的可贵性，培养他们珍惜物品的良好习惯。生活中有很多废弃物都可以用来制作玩具，如利用旧衣物手工缝制的沙包就是非常好玩的玩具。

材料：

6块不同颜色的正方形棉布、针线、剪刀、豆子或谷粒（图3-13-1）。

步骤：

根据自己的喜好，选择其中4块布，把这4块布缝制在一起，制作成一个没有上下底的正方体。

把剩余的2块布根据边边对齐的方法缝制

图3-13-1　材料准备

在之前完成的正方体上下两面，注意在缝制最后一个边时留一小块儿不要缝合（图3-13-2）。

然后将口袋从里向外翻过来，这样就看不见刚才里面缝过的线印了，再从未缝合的小口处填充谷粒(最好是荞麦皮，那样不容易伤人)，填充谷粒的多少根据自己的喜好，一般情况下，填充物是正方体的1/3为宜，把剩下的小口缝实，一个沙包就做好了（图3-13-3）。

年龄小的孩子可以用下面更简单的方法：

①裁一块2个正方形大的长方形棉布；

②把布对折；

③先把开口的两侧缝起来，然后把口袋从里向外翻过来；

④再从开口的顶边向里灌豆子或米粒；

⑤最后把剩余边缝起来，沙包就完成了。

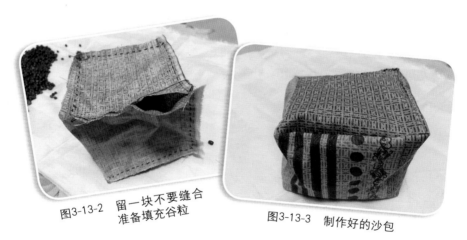

图3-13-2　留一块不要缝合　准备填充谷粒

图3-13-3　制作好的沙包

 边做边聊：

1. 沙包里的数学

家长只要动动脑筋，就可以把沙包作为学习数学的工具，孩子会在不知不觉中学习很多数学知识。制作过程中，低龄儿童可以认识正方形的布料，熟悉1～6这6个数字。大一点的孩子认识什么是正方体，缝制时用的6块大小相同的布就相当于有6个面，每2块布缝在一起就形成了一条线，也就是面与面交汇处为线。再大一些的孩子，可以根据布料大小计算正方体沙包的体积，以此为依据装入适量的豆子。诸如此类，可以变换出不同的玩法，植入很多数学问题。

2.沙包的玩法

沙包有很多种玩法，根据参加人的多少和年龄大小，可以采用不同的玩法。

（1）打沙包。打沙包也称为砸鸭子、打耗子、打泥猴，是一种中国传统民间儿童游戏。人多时"打沙包"最有趣。首先在一块场地上画出一个长方形范围，两头分别站一个同学，其余人在中间区域，两头的同学交替将沙包掷过来，中间的同学要及时躲闪或用手抓住沙包，来不及躲闪而被砸到的人认输，站到两头去替换上一轮掷沙包的同学。

（2）抓沙包。这个游戏中，包括母沙包，共需5～7个沙包。母沙包要做得比其他沙包（子沙包）大或用色彩稍微鲜艳的布做，以示区别。把母沙包高高扔起，在沙包落下之前把桌上的若干个沙包抓到手里，然后用同一只手接住落下来的沙包。

（3）踢沙包。人少时可以将沙包当毽子一样踢。用脚内侧、脚外侧或脚正面将沙包向上踢起，反复使沙包不落地。可以几个人比赛鼓励踢得多的同学。幼儿可以将沙包用粗线系好，用一只手牵住线，练习用脚踢。

延伸阅读：

《中国儿童传统游戏》，卢有泉，卢世楠

制作物候日历

物候历，也称为自然历。它主要包括一个地方各种植物和动物的生活周期性现象发生日期，以及反映无机自然环境变化的一些周期性现象发生日期。如植物萌发、展叶、开花、结实，季节性的叶变色和落叶，候鸟的往返，昆虫的冬眠与苏醒，早霜、下雪、大地冰融等。我国是世界上编制和应用物候历最早的国家，大约在3 000年前出现的《夏小正》一书，即是一部内容相当丰富的物候历。家长和孩子一起制作一本按照12个月的顺序编制的物候月历，每天对居住区周围的植物、动物和各种自然环境进行观察，并在日历上做好记录，引导孩子学会看日历，帮助孩子树立时间交替的观念，感受大自然的变化规律。家长和孩子还可以一起了解历法在日常生活中的运用，探究中国的二十四节气及传统节日的起源。如果每年都能制作一本日历，不仅可以比较不同年份物候的异同，而且还是一份孩子珍贵的资料。

 材料：

裁纸刀

HB铅笔

格尺

打孔器

铁圈

14张白卡纸

 步骤：

1. 顶端留出3厘米，在每张卡纸上画出6行7列的表格（图3-14-1），第一行是星期，第二行开始对应星期几填上公历日期、农历日期、节气及节日。大孩子可以使用电脑绘制表格和打印，对日历还不了解的小孩子最好在父母的带领下亲手绘制。

2. 将白色卡纸用打孔器在顶端打4个孔。

3. 用铁圈将卡纸穿在一起（图3-14-2）。

4. 装饰封面（图3-14-3）。

5. 每天在空白处记录观察到的植物、动物及自然环境的物候变化。还可以拍照片、画画进行记录。

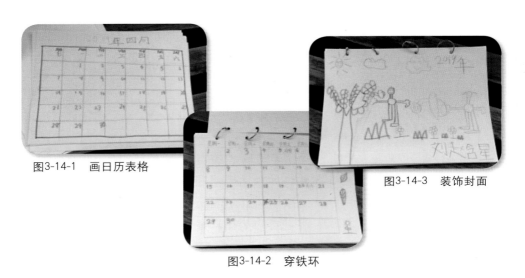

图3-14-1　画日历表格

图3-14-3　装饰封面

图3-14-2　穿铁环

边做边聊

中国是世界上最早使用历法的国家之一。我国现行的日历包含多种历法：公历、农历、二十四节气、干支纪年法和十二生肖纪年法。

我们日常所说的公历就是阳历，阳历是根据太阳的视运动规律，实际上是依据地球的绕日公转运动而制定的，这一周期称为回归年，大约365.242 2日。

相当一部分人错误地认为："我国的农历即是阴历"。阴历是以月亮的运动规律为依据而制定的历法，从这一次新月（或满月）到下一次新月（或满月）所经历的时间称为一个朔望月，一个朔望月的平均长度为29.530 6日，12个月朔望月的总日数是29.530 6×12=354.367 2日，比回归年短10.875 0日。由于这一差值，阴历的月序没有季节意义，世界上多数民族和国家早已放弃了阴历。

实际上，我国的农历在性质上不是阴历，而是阴阳合历，是将阴历和阳历协调起来的历法，也就是兼顾朔望月和回归年两种周期的历法。其历月以月相循环为基础，以朔望月为周期安排大月和小月。为了协调历年和回归年的天数，在农历中安排了闰月。农历属于我国传统历法，人民接受程度高，中国大大小小的民俗节日与传统农历历法密切相关，如春节（正月初一）、元宵节（正月十五）、端午节（五月初五）、七夕节（七月初七）、中秋季（八月十五）、重阳节（九月初九）等。几千年的中国农耕文明史充分证明，中国农历（或称"农家历"）具有极为重要的历史、文化、科学价值，至今在全世界华人社会生活中依然发挥着重要作用。

在我国的传统历法中，农历的历月与季节没有可靠的固定关系，不能有效地指导农事进程。为了弥补这个缺陷，我国传统历法中另设二十四节气用来指导农业生产。二十四节气是根据太阳在黄道（地球绕日公转的轨道，也就是太阳周年视运动的路线）上的位置及引起地面气候演变的次序，将全年划分为24个段落，每段相隔约半个月（15天），每一段称为一个节气。每月的月首者称"节气"，包括立春、惊蛰、清明、立夏、芒种、小暑、立秋、白露、寒露、立冬、大雪、小寒；在月中者称为"中气"，包括雨水、春分、谷雨、小满、夏至、大暑、处暑、秋分、霜降、小雪、冬至、大寒。民间还流传着一首二十四节气歌："春雨惊春清谷天，夏满芒夏暑相连。秋处露秋寒霜降，冬雪雪冬小大寒。"节气反映了太阳的周年视运动，因而本质上是阳历，只是在形式上不同于通常所说的阳历。"二十四节气"自秦汉时期至今已经沿用了2 000多年。在没有"天气预报"的中国古代，"二十四节气"扮演了相当重要的角色，至今仍在影响国人，指导着人们的生产和生活。2016年，有着"中国第五大发明"美誉的"二十四节气"被正式列入联合国教科文组织人类非物质文化遗产代表作名录。

世界各国关于纪年的方法有很多，其中"公元纪年"是国际通行的纪年体系。它是以耶稣基督的生年为公历元年，公元常以A.D.（拉丁文 Anno Domini 的缩写，意为"主的生年"）表示，公元前则以B.C.（英文 Before Christ 的缩写，意为"基督以前"）表示。1949年后，国家规定纪年用"公元纪年"。

我国传统历法还采用一套独特的纪时制度——干支纪年法，即把十天干（甲、乙、丙、丁、戊、己、庚、辛、壬、癸）和十二地支（子、丑、寅、卯、辰、巳、午、未、申、酉、戌、亥），分别组合、循环搭配：甲子、乙丑、丙寅等等，每60年为一个周期。在相当长的历史时期内，中国使用的是"干支纪元法"，至今已近两千年的历史了。近代史上的某些重大历史事件，就是以干支命名的，如甲午战争，戊戌变法、辛丑条约、辛亥革命等。

我国农历在采用干支纪年的同时，往往又用十二生肖纪年。十二生肖，就是人们所说的十二属相，即：鼠、牛、虎、兔、龙、蛇、马、羊、猴、鸡、狗、猪，依次与十二地支搭配，组成子鼠、丑牛、寅虎等一系列年份。你哪年出生，就有一个动物作为你的属相。这是我国民间计算年龄的方法，也是一种古老的纪年法。日常生活中，在比较两个人年龄大小时，多用属相，既含蓄又直观。其实，外国也有十二生肖，只不过各国所用的代表性动物略有不同。越南的十二生肖，包括鼠、牛、虎、猫、龙、蛇、马、羊、猴、鸡、狗、猪，没有兔，而以猫与鼠对应。印度的十二生肖，有十只与我国相同，不同的是狮子与老虎对应，金翅鸟与鸡对应。

延伸阅读：

《十二个十二个月—黄永玉十二生肖》，黄永玉

《时间之书：余世存说二十四节气》，余世存

彩虹树枝风铃

带孩子在森林或小径散步时，会遇到很多小枯树枝，孩子们非常喜欢捡拾这些小木棍。我们可以用这些小木棍做很多手工，彩虹树枝风铃就是个不错的主意，可以挂在家里，也可以送给朋友。

 材料（图3-15-1）：

树枝

砂纸

丙烯颜料

羊眼螺钉

清漆

毛线、麻绳或其他彩色的线绳

图3-15-1　材料准备

 步骤：

将捡到的树枝掰成20～25厘米长。

剥去树皮。这个过程非常有趣，大一点的孩子可以独立完成，年纪小的孩子可以在父母帮助下完成。

然后每个人拿一张砂纸，将树枝表面打磨光滑，孩子非常喜欢磨光后的小树枝，粗糙的树枝在他们的加工下变得那么整洁、精致，非常有成就感（图3-15-2）。

图3-15-2　加工后的树枝

然后，刷丙烯颜料，每个木棍涂2遍，选择赤、橙、黄、绿、青、蓝、紫7种颜色，如果孩子有其他色彩设计创意让他们尽情发挥。放在阳光下，颜料干得更快（图3-15-3）。

再涂上清漆（也可以省去），清漆使得颜色更光亮，也有保护作用，避免颜色褪色。

木棍完全干后，在末端拧上羊眼螺钉（图3-15-4、图3-15-5）。在螺钉的小圈上系上毛线或其他细绳。准备好了吗？把这些挂在树枝上或晾衣竿上，静静地听他们在风里的声音（图3-15-6）。

图3-15-3　给树枝涂颜色

图3-15-4　羊眼螺钉

图3-15-5　在树枝末端拧上羊眼螺钉

图3-15-6　彩虹树枝风铃

边做边聊：

1. 树木的种类有哪些？

在林间捡拾树枝时，会看到各种不同的树木。这些树木高度不同，那些有一根主干，上部的树冠有许多分枝的树木都是乔木，例如杨树、柳树、银杏、水杉等；有一些种类没有明显的主干，而是从地面长出多根枝干，这样的树都是灌木，如玫瑰、金银忍冬、连翘等；还有一些枝干很长，不能直立，匍匐在地面或攀援在它物上的树木属于藤本，如紫藤、南蛇藤、金银花等。

2. 树枝的结构是什么？

给小树枝剥皮时，会发现树枝的结构，由外向内依次是树皮、形成层、木质部、髓。不同树种树皮的颜色、形态、质地和皮孔差异很大，是识别他们的主要依据。例如白桦树的树皮是白色的，皂角木的树皮具有细长的尖刺，黄檗的树皮很软，杨树的皮孔为菱形像眼睛一样。形成层位于树皮和木质部之

间，非常薄，不易为人们肉眼分辨，但其作用巨大，具有反复分生能力，是树皮和木质部产生的源泉，再往里面硬硬的部分就是木质部，它是树干的主要部分，加工利用的木材就是这一部分。在树干的中央是髓，就是俗称的树心，质地松软，在航空、造船或其他特殊用材中需除去。

树木是多年生植物，枝干每年都会横向增粗生长，产生新的木质部，出现在横断面上好像一个（或几个）轮，围绕着过去产生的同样的一些轮，形成同心圆轮纹。生长在温带地区的木本植物，通常一年内只形成一个生长轮，特称年轮。在一株树中，随着枝干萌发的早晚不同，年轮的数目由树干基部往上逐渐减少。茎干基部年轮的数目，往往能作为测定一棵树的年龄依据。数数你手里的小树枝有几个年轮就知道它生长几年了。

 延伸阅读：

《爱心树》，谢尔·希尔弗斯坦

致谢

首先，要感谢我的学生们，沈阳农业大学的王晓茹、苏永超、谭飞舟、陈旭励、彭林波、张焱、蔡文静、张秋嫱、陈妍、沈晓辉、李碧斯、刘苇苇、马广超、张灵宫、李莹等，是你们热心参与组织了一次一次精彩的亲子园艺活动，使我的想法能落到实处，为本书留下了许多美好的瞬间。

感谢佩佩、果果、萱萱、如意等小朋友和你们的家长，是你们对每次亲子活动的热情参与和积极反响，让我更坚定编写这本书，更坚信本书的意义。

感谢我的爸爸毕敬仁，您总是不厌其烦地支持我的每一个想法，为我制作各种小工具，装订园艺记录本，精心照顾我的植物。更重要的是您从小对我勤于动手、善于思考的影响，使我在工作中受益匪浅。

感谢我的女儿土土，你从小就是我的小助手，与其说是我陪你在地里玩耍，不如说是你陪我在试验地里工作，我们在田地里的快乐时光让我萌发了编写本书的想法。在本书的写作过程中，你和我讨论各种问题并给我许多宝贵的建议，使本书更贴近孩子的想法。

感谢编辑黄宇，给我编写本书这个宝贵的机会，在撰写过程中不断给我鼓励，让我这个由来已久的想法能变成现实。

最后，感谢沈阳农业大学大学生创新创业训练计划项目对亲子园艺活动的支持。

毕晓颖